T0123348

Warum Blumen bunt sind und Wasserläufer nicht ertrinken

Christine Broll

Warum Blumen bunt sind und Wasserläufer nicht ertrinken

Mit leichten Experimenten für Eltern und Kinder

2. Auflage

Mit Illustrationen von Erik Liebermann

 Springer

Christine Broll
Penzberg, Deutschland

ISBN 978-3-662-59503-9   ISBN 978-3-662-59504-6   (eBook)
https://doi.org/10.1007/978-3-662-59504-6

Die Deutsche Nationalbibliothek verzeichnet diese Publikation in der Deutschen Nationalbibliografie; detaillierte bibliografische Daten sind im Internet über http://dnb.d-nb.de abrufbar.

Planung/Lektorat: Sarah Koch
Einbandabbildung: deblik Berlin
Illustrationen: Erik Liebermann
Fotos: Christof Blumberger (S. 11, 75, 148) und Christine Broll (S. 71, 93, 113, 142)

Springer ist ein Imprint der eingetragenen Gesellschaft Springer-Verlag GmbH, DE und ist ein Teil von Springer Nature
Die Anschrift der Gesellschaft ist: Heidelberger Platz 3, 14197 Berlin, Germany

Inhalt

erzähle es mir –
und ich werde es vergessen
zeige es mir –
und ich werde mich erinnern

lass es mich tun –
und ich werde verstehen

Konfuzius

Der Weg zur Biologie führt über das Experiment
und gipfelt in der Liebe zum Leben und in der Achtung vor ihm.
Erich Grosse in „Biologie selbst erlebt", 1973

Es darf Spaß machen –
Den Geheimnissen des Lebens auf der Spur

Am Anfang steht das Experiment. Ob Steinzeitmenschen Hölzer aneinander reiben, bis sie brennen oder Ingenieure jahrelang an der Konstruktion eines Flugzeugflügels tüfteln – vor jeder großen Entwicklung, die die Menschheit weiterbrachte, stand geduldiges Probieren. Das Experimentieren wurde dem Menschen von der Evolution in die Wiege gelegt. Besonders Kinder sind begeisterte Forscher.

Schon mit wenigen Monaten beginnen Babys mit ihren Spielsachen zu experimentieren. Wie fühlt sich der Beißring an, wenn ich ihn in den Mund nehme? Was passiert, wenn ich ihn fallen lasse? Mit jedem Tag lernt der kleine Mensch durch Probieren und Beobachten seine Welt besser kennen.

Im Alter von etwa vier Jahren will das Kind dann alles ganz genau wissen. Warum sind die Blumen bunt? Warum wird der Apfel braun? Warum wachsen die Wurzeln nach unten? Warum? Warum? Warum? Auf viele Fragen wissen auch die Eltern keine Antwort. Wer könnte schon auf Anhieb erklären, warum Wurzeln nach unten wachsen, wenn sogar die Wissenschaft dieses Phänomen noch nicht restlos geklärt hat.

Mit ihren Fragen richten die Kinder den Blick der Eltern auf Dinge, die diese bislang nicht beachteten. Sie kommen begeistert mit einer kleinen Schnecke nach Hause und wollen wissen, wo das Tierchen seine Augen hat. Sie können mit großem Eifer beobachten, wie sich ein Regenwurm beim Kriechen streckt und wieder zusammenzieht. Mit ihrem unbefangenen Blick auf die Natur öffnen sie auch die Augen ihrer Eltern für

© Springer-Verlag GmbH Deutschland, ein Teil von Springer Nature 2019
C. Broll, *Warum Blumen bunt sind und Wasserläufer nicht ertrinken*,
https://doi.org/10.1007/978-3-662-59504-6_1

die kleinen und großen Wunder des Lebens. Diese einmalige Chance sollten sich die Eltern nicht entgehen lassen.

Experimente sind der ideale Weg, zusammen mit dem Kind die Welt der Biologie zu entdecken – vom Gänseblümchen bis zum Ahornsamen, vom Regenwurm bis zum Ökokreislauf. Und auch der eigene Körper lässt sich mit spannenden Versuchen gemeinsam erkunden.

Wie richtige Wissenschaftler

Vielleicht hat ihr Kind Lust, einmal Forscher zu spielen. Das geht immer gleich – egal ob man wissen will, ob Kresse

im Dunkeln keimt oder wie die Ausprägung von Genen genetisch gesteuert wird: Zuerst wird die Frage möglichst präzise formuliert. Dann überlegt der Wissenschaftler, welche Antworten es darauf geben könnte – er stellt Hypothesen auf. Auf die Frage, ob die Kresse im Dunkeln keimt, könnte er sich mehrere Antworten vorstellen: Die Kresse keimt überhaupt nicht. Oder: Die Kresse keimt, aber die Pflänzchen gehen bald danach ein. Denkbar wäre auch, dass die Kresse im Dunkeln nur ein wenig langsamer wächst als im Licht. Wenn Sie mit Ihrem Nachwuchsforscher einmal richtig wissenschaftlich arbeiten wollen, können Sie die Fantasie spielen lassen und dann alle für sie denkbaren Hypothesen aufschreiben.

Im nächsten Schritt wird überlegt: Welches Experiment könnte man machen, um die Frage zu beantworten? Auch hier gibt es viele Möglichkeiten. Die Schale mit den Kressesamen zudecken? Die Kressesamen in den Schrank stellen? Ich habe mich bei der Wahl des Versuchsaufbaus dazu entschlossen, die Schale mit den keimenden Kressesamen erst in einen Schuhkarton und dann damit in den Schrank zu stellen – um ganz sicher zu gehen, dass kein Licht an die Samen kommt, wenn der Schrank einmal geöffnet wird („Vornehme Blässe", Seite 21).

Während der Versuch läuft, wird regelmäßig protokolliert. Beim Kressesamen schaut man am besten jeden zweiten Tag nach, was sich getan hat und schreibt es dann in einem Protokollheft auf. Zusätzlich kann man auch Fotos machen. Wenn das Versuchsergebnis deutlich zu beobachten ist, kann das Experiment beendet werden. Im professionellen Forschungslabor folgt nun in der Regel eine umfangreiche Auswertung der Messergebnisse mit statistischen Methoden.

Dann kommt der entscheidende Schritt: Das Ergebnis wird mit den Hypothesen verglichen. Stimmt eine davon mit den Versuchsbeobachtungen überein? Beim Kresseexperiment sehen wir, dass Hypothese 2 richtig war: Die Kresse ist gekeimt, aber die Pflänzchen sind bald darauf eingegangen.

Für den Profi würde sich aus diesem Experiment gleich die nächste Frage ergeben. Warum haben die Kressekeimlinge im Schrank nicht den grünen Blattfarbstoff Chlorophyll produziert? Um diese Frage zu klären, arbeiteten etliche Forschergruppen jahrelang, bis sie herausfanden, dass Pflanzen einen Lichtrezeptor – das Phytochrom – besitzen, der ihnen „mitteilt", ob sie im Hellen oder Dunkeln leben. Da ich annehme, dass Sie nicht alle Erkenntnisse der Biologie noch einmal selbst nachvollziehen möchten, habe ich Ihnen an dieser Stelle die Arbeit abgenommen und auf die Existenz des Phytochroms hingewiesen.

Forschen mit Freunden

Zusammen mit dem Freund oder der Freundin macht das Experimentieren noch mehr Spaß. Die Kinder beflügeln sich in ihrer Fantasie und entwickeln gemeinsam erstaunlich kreative Vorschläge. Lassen Sie die Kinder ruhig auch einmal andere Versuchsansätze ausprobieren als diejenigen, die im Buch stehen. Vielleicht möchten sie ja wissen, ob die Kressesamen bei Wärme und bei Kälte unterschiedlich keimen und stellen einen Versuchsansatz in den Kühlschrank. Das ist eine prima Idee. Viele wegweisende Erkenntnisse der Grundlagenforschung sind entstanden, weil die Forscher eine Idee hatten, die sie einfach ausprobieren wollten – ohne dass von Anfang an ein möglicher Nutzen des Experiments erkennbar gewesen wäre.

Bloß kein Zwang

Den Forscherdrang eines Kindes können sie zuverlässig ersticken, wenn Sie das Experimentieren zur Pflicht machen. Vielleicht denken Sie, dass dadurch die Schulnoten besser werden. Oder Sie hoffen, dass aus dem Sohn oder der Tochter einmal ein erfolgreicher Naturwissenschaftler wird. Das sind sicher erstrebenswerte Ziele. Doch mit Zwang lassen sie sich nicht erreichen. Langfristig ist es sinnvoller, dem Kind Freiraum zu geben, damit es seine Kreativität entfalten kann. Und es tatkräftig zu unterstützen, wenn es forschen und experimentieren möchte.

Wirklich wichtig ist bei der Beschäftigung mit der Biologie aber etwas ganz anderes. Wenn Ihr Kind zusammen mit Ihnen entdeckt, wie vielgestaltig und faszinierend die Lebewesen sind, die mit uns zusammen auf dieser Erde leben, geben Sie ihm bleibende Werte mit auf den Weg: die Liebe zur Natur und die Achtung vor dem Leben.

Gurkengläser und Geduld –
Was Sie zum Experimentieren brauchen

Am besten fangen Sie gleich an, saure Gurken zu essen. Denn Gurkengläser werden Sie für einige Versuche benötigen – sie sind groß, vielseitig einsetzbar und müssen nicht eigens angeschafft werden. Mit einem Gurkenglas können Sie eine Biosphäre anlegen, Fruchtfliegen züchten, eine Filtrationsanlage betreiben und noch vieles mehr.

Bei der Konzeption der Versuche habe ich darauf geachtet, dass nur Material zum Einsatz kommt, das normalerweise in einem Haushalt vorhanden ist. Außer ein paar Tütchen mit Samen und einigen Pflanzen werden Sie nicht viel kaufen müssen – mit Ausnahme einer Lupe, deren Anschaffung ich Ihnen sehr ans Herz lege. Sie muss nicht teuer sein. Eine dreifache Auflösung genügt bereits, um samtige Blütenblätter, rote Facettenaugen und Regenwurmborsten viel besser zu sehen als mit bloßem Auge. Ist einmal eine Lupe im Haus, bekommen auch Kinder Lust, bei vielen Dingen einmal genauer hinzuschauen. Für die Beobachtung kleiner Tierchen ist eine Becherlupe empfehlenswert, die es in Spielzeugläden gibt.

Neben normalem Küchengeschirr kommt auch viel Verpackungsmaterial zum Einsatz. Hier können Sie gleich anfangen zu sammeln. Nicht, dass Sie feststellen müssen, dass Sie letzte Woche den 5-Liter-Kanister vom destillierten Wasser entsorgt haben, den Sie jetzt für den Versuch zur Bestimmung des Lungenvolumens brauchen. Eine Aufstellung, welches Verpackungsmaterial Sie außer dem Kanister und den Allround-Gurkengläsern noch sammeln sollten, finden Sie auf der nächsten Seite.

Für viele Botanikversuche brauchen Sie einen hellen, sonnigen Platz, an dem die Pflänzchen in Ruhe gedeihen können. Geeignet ist ein für die Versuche reservierter Teil auf dem Fensterbrett im Wohnzimmer, wo die ganze Familie den Fortgang der Versuche im Auge hat. Ist kein Fensterbrett vorhan-

14

© Springer-Verlag GmbH Deutschland, ein Teil von Springer Nature 2019
C. Broll, *Warum Blumen bunt sind und Wasserläufer nicht ertrinken*,
https://doi.org/10.1007/978-3-662-59504-6_2

den, kann man am Fenster einen kleinen Versuchstisch auf-
stellen. Er sollte eine unempfindliche, abwaschbare Oberfläche
haben, da beim Gießen immer mal etwas daneben gehen kann.

Hier eine Aufstellung des Materials, das für die im Buch beschriebenen Versuche benötigt wird:

Aus der Küche: Saftgläser, Küchenmesser, Schneidebrettchen,
Teller, Küchenwecker, Waschschüssel, Messbecher, Küchenreibe, Gefrierbeutel, Strohhalme, Frischhaltefolie, Kaffeefilter.

Vom Schreibtisch: Filzstift, Bleistift, Schere, Büroklammer, Pinsel, Spitzer, Lineal, Tintenpatronen, Klebeband, Klebstoff, Pinzette, Stechzirkel, Magnet, Stecknadeln, Tonpapier

Verpackungsmaterial: große Gurkengläser, Marmeladengläser,
5-Liter-Kanister von destilliertem Wasser, PET-Flasche, Schuhkarton, Margarine- oder Fleischsalatschälchen, dünne Styro-
porschale, transparentes Plastik einer Blisterverpackung.

Gartenbedarf: Blumenerde, Blumentöpfe, Blumentopfuntersetzer, Mini-Gewächshaus, Kieselsteine, Split, Sand.

Obst, Gemüse und andere Lebensmittel: Banane, Apfel, Zitrone, Küchenzwiebel, Tomate, Weißkohl, Kopfsalat, Kartoffel,
Obst, Nüsse, Kokosnuss, getrocknete, grüne Erbsen, Essig,
Zucker, Weizentoast, Hefe, Paprikapulver, Backpulver, Backaroma, Meerrettich.

Pflanzen und Samen: Usambaraveilchen, Gänseblümchen, Löwenzahn, Amaryllis, Zimmerpflanzen, blaue Blüten, weiße Tulpen, Kressesamen, Feuerbohnensamen, Kiefernzapfen, Ahornsamen.

Tiere: Regenwürmer, Bänderschnecken, Webspinne, Fruchtfliegen.

Sonstiges: Watte, Teebaumöl, Gips, Entenfeder, Stoppuhr.

nützlich, wenn vorhanden: Pflanzenbestimmungsbuch, Kompass.

Geburtstagsfeier für kleine Forscher – Ein Experimentiernachmittag mit spannenden Versuchen

Wenn Ihr Kind die Lust am Experimentieren gepackt hat, können Sie am nächsten Kindergeburtstag einen Experimentiernachmittag veranstalten. Einige der im Buch vorgestellten Versuche sind bestens für diesen Zweck geeignet: Sie sind einfach durchzuführen, machen Spaß und funktionieren zuverlässig.

Die Einladung können Sie stilsicher in einen Kiefernzapfen verpacken, wie beim Versuch „Geheimnisträger Kiefernzapfen", Seite 44 beschrieben – natürlich mit einer kurzen Anleitung versehen, wie dem Zapfen sein Geheimnis zu entlocken ist. Die präparierten Zapfen müssen rechtzeitig verteilt werden, damit sie genügend Zeit haben, um sich zu öffnen.

Alle Experimente, die Sie an dem Nachmittag mit den Kindern machen möchten, müssen gut vorbereitet sein. Da nicht alle Gäste gemeinsam bei einem Versuch mitmachen können, bietet es sich an, mehrere Experimentierstationen aufzubauen. Geeignet sind dafür die Versuche

„Farbenspiel mit blauen Blüten", Seite 78
„Urwaldkompass für den Ernstfall", Seite 92
„Wer hat am meisten Puste?", Seite 130
„Schlecht geeichtes Thermometer", Seite 121
„Zitrone oder Bittermandel?", Seite 123
„Wer kann mit einem Auge zielen?", Seite 125.

Jede Station muss verantwortlich von einer Versuchsleitung betreut werden – entweder von einem Erwachsen, einem größeren Geschwister oder zwei Geburtstagsgästen, die einige Tage vor dem Fest genauestens mit ihrer Aufgabe vertraut gemacht wurden.

Für die Betreuung des Versuchs „Wer hat am meisten Puste?" brauchen Sie auf jeden Fall einen Erwachsenen, da es recht schwierig ist, den Kanister immer wieder mit Wasser

© Springer-Verlag GmbH Deutschland, ein Teil von Springer Nature 2019
C. Broll, *Warum Blumen bunt sind und Wasserläufer nicht ertrinken*,
https://doi.org/10.1007/978-3-662-59504-6_3

zu füllen. Falls die Kinder noch klein sind, reicht zur Bestimmung ihres Lungenvolumens vielleicht noch eine 2-Liter-Getränkeflasche. Damit tut man sich wesentlich leichter. So viel Spaß der Versuch macht, so viel Überschwemmungspotenzial hat er auch. Im Sommer sollte man ihn daher auf dem Balkon oder der Terrasse zu machen. Im Winter auf jeden Fall in der Küche an der Spüle. Auch der Versuch „Schlecht geeichtes Thermometer" ist am besten draußen oder in der Küche aufgehoben.

Um zu verhindern, dass sich manche Kinder langweilen und stören, kann man an den meisten Stationen so viel Material bereit stellen, dass zwei Kinder gleichzeitig den Versuch machen können, zum Beispiel bei „Farbenspiel mit blauen Blüten", „Urwaldkompass für den Ernstfall" und „Zitrone oder Bittermandel?". Den Urwaldkompass und das rosa Vergissmeinnicht können die Kinder dann als Erinnerung mit nach Hause nehmen. Ein lustiger Wettbewerb, bei dem am Schluss ein Sieger ermittelt wird, ist „Wer kann mit einem Auge zielen?". Hier braucht man einen zuverlässigen Versuchsleiter, der die Ergebnisse der einzelnen Spieler protokolliert.

Den Versuch „Kohlblätter mit Selbstreinigung", Seite 89, können die Kinder gemeinsam am Tisch machen – zum Beispiel nach dem Kuchenessen. Jedes Kind bekommt ein Kohlblatt, ein Salatblatt und einen Pinsel. In die Mitte werden die verschiedensten Materialien gestellt, mit denen sie den Lotuseffekt erforschen können. Der Kreativität sind dabei keine Grenzen gesetzt.

Zum Schluss können Sie kopierte Bastelvorlagen für den im Versuch „Meister im Kunstflug" beschriebenen Hubschrauber austeilen (Seite 47). Wenn alle fertig sind mit Ausschneiden und Falten, gibt es nur noch eins: raus an die frische Luft und testen, wie der Hubschrauber fliegt.

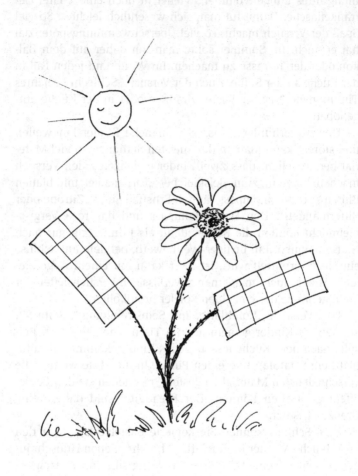

Natürliche Sonnenkollektoren –
Warum die Fotosynthese so wichtig ist

Sonne und Wasser, Luft und ein paar Nährsalze – mehr brauchen Pflanzen nicht zum Leben. Mit Hilfe der Fotosynthese können sie ihre Nahrung selbst herstellen. Beneidenswert. Denn Tier und Mensch haben es wesentlich schwieriger, ihren Lebensunterhalt zu sichern – entweder müssen sie Weidegründe suchen, Beute jagen oder den Acker bestellen. Tiere und Menschen sind auf Nahrungsquellen von außen angewiesen – meist auf Samen, Früchte oder Knollen, die von Pflanzen produziert wurden und deren Energie somit auch wieder aus der Fotosynthese stammt.

Die Fotosynthese schleust die Sonnenenergie in den Kreislauf der Natur ein. Sie steht am Anfang der Nahrungskette und auch am Anfang der Entwicklung des Lebens auf unserem Planeten. Denn die Fotosynthese liefert nicht nur die Nahrung, die wir essen, sondern auch den Sauerstoff, den wir atmen. Der gesamte Sauerstoff der Atmosphäre wurde durch die Fotosynthese gebildet.

Die Fotosynthese ist fast so alt wie die Erde selbst. Bei der Untersuchung von drei Milliarden Jahre alten Bakterien haben Wissenschaftler nachgewiesen, dass diese frühen Lebensformen bereits Fotosynthese machen konnten – lange bevor Pflanzen und Tiere auf der Erde existierten. Ein erstaunlicher Befund, wenn man bedenkt, dass die Fotosynthese ein äußerst komplexer Vorgang ist, dessen genaue Beschreibung im Biochemie-Lehrbuch mehrere Kapitel in Anspruch nimmt und der bis heute immer noch nicht bis in alle Einzelheiten erforscht ist.

Was prinzipiell bei der Fotosynthese passiert, lässt sich aber recht einfach erklären. Aus Wasser und Kohlendioxid produziert die Pflanze Sauerstoff und Traubenzucker. Der Sauerstoff wird über die Blätter abgegeben, der Traubenzucker dient als Rohstoff für den Stoffwechsel der Pflanze.

© Springer-Verlag GmbH Deutschland, ein Teil von Springer Nature 2019
C. Broll, *Warum Blumen bunt sind und Wasserläufer nicht ertrinken*,
https://doi.org/10.1007/978-3-662-59504-6_4

Die Fotosynthese findet in den grünen Blättern statt und läuft in zwei Stufen. Bei der ersten Reaktion wird die Sonnenenergie vom Chlorophyll aufgefangen und als biochemisches „Energiekleingeld" zwischengespeichert. Für die Produktion des „Energiekleingeldes" wird außer Sonnenenergie auch Wasser benötigt, das in seine Bestandteile Wasserstoff und Sauerstoff gespalten wird. Der Wasserstoff wandert in das „Energiekleingeld", der Sauerstoff ist Abfall und wird ausgeschieden.

In der zweiten Reaktion, die unabhängig vom Licht abläuft, wird der Traubenzucker gebildet. Als Grundstoff dient Kohlendioxid, das die Pflanze über die Blätter aufnimmt. Das Kohlendioxid wird in einen zyklisch ablaufenden Prozess eingeschleust. Bei diesem Prozess wird mit Hilfe des „Energiekleingeldes" aus dem energiearmen Kohlendioxid der energiereiche Traubenzucker hergestellt.

Der Traubenzucker, der bei der Fotosynthese produziert wird, ist quasi der Grundstoff des Lebens. Aus ihm kann die Pflanze alles herstellen, was sie zum Wachsen braucht – Stärke als langfristigen Energiespeicher, Cellulose als Festigungsmaterial für ihre Zellen, Eiweiß, Fette, Blütenfarbstoffe, Abwehrstoffe und vieles mehr.

Mit einer Blattoberfläche von zehn Quadratmetern kann eine Pflanze im Schnitt rund fünf Gramm Stärke produzieren. Umgerechnet auf einen Baum wird die gewaltige Leistungsfähigkeit der Fotosynthese deutlich: Eine hundertjährige Buche verbraucht an einem Sonnentag circa 9 500 Liter Kohlendioxid. Sie bildet daraus in ihren Blättern zwölf Kilogramm Kohlehydrate, scheidet 9 500 Liter Sauerstoff aus und verdunstet 400 Liter Wasser. Mit ihrem hohen Kohlendioxidverbrauch leisten Bäume einen ganz wichtigen Beitrag zur Verringerung der Kohlendioxid-Konzentration in der Atmosphäre und damit zur Bekämpfung des Treibhauseffektes.

Vornehme Blässe –
Wenn Kresse in der Dunkelkammer keimt

Pflanzen brauchen Wasser und Licht zum Wachsen. Wenn sie kein Wasser haben, welken sie und vertrocknen schließlich. Das hat jeder schon beobachtet. Doch was geschieht, wenn das Licht fehlt? Das wollen wir an jungen Kressepflänzchen beobachten, die in völliger Dunkelheit aufgezogen werden.

Material
– ein Beutel Kressesamen
– Watte
– drei Blumenuntersetzer
– ein Schuhkarton, in den zwei Blumenuntersetzer nebeneinander gestellt werden können

Das Experiment
Gemeinsam mit Ihrem Kind legen Sie die drei Blumenuntersetzer dick mit Watte aus. Nachdem die Watte gut angefeuchtet wurde, lassen Sie Ihr Kind die Kressesamen darauf aussäen. Sie dürfen ruhig dicht auf der Watte liegen. Als Dunkelkammer dient uns ein Schuhkarton. Zwei der drei Blumenuntersetzer werden in den Schuhkarton gestellt. Er wird mit dem Deckel verschlossen und in einen Schrank gestellt. So kann garantiert kein Licht zu den Samen gelangen. Den dritten Blumenuntersetzer stellen Sie ans Licht und halten ihn gut feucht. Auch im Karton das Gießen nicht vergessen!

Bereits am dritten Tag nach Versuchsbeginn beginnt die Kresse zu keimen. Im Untersetzer, der am Licht steht, ist bei vielen Samen die Schale gesprengt. Keimblätter und Wurzel stecken noch im Samen, nur ein ringförmig gebogener, hellgrüner Stiel schaut heraus. Die Samen im Karton sind fast genauso weit. Einziger Unterschied: Der Stiel ist nicht hellgrün, sondern blassgelb.

Die Kresse wächst rasant. Am sechsten Tag sind die im Licht stehenden Keimlinge rund drei Zentimeter hoch und haben kräftige grüne Blättchen. Auch im dunklen Karton tut sich was: Die Keimlinge sind im Durchschnitt sogar schon etwas größer als die anderen. Allerdings sind sie ganz zart und dünn, die blassgelben Blättchen sind nicht richtig entfaltet. Können wir Ihnen noch helfen?

Lassen Sie ihr Kind einen der beiden Untersetzer herausnehmen und ans Licht neben die andere Kresse stellen. Jetzt können Sie zuschauen, wie die gelben Blätter ergrünen. Nach 24 Stunden sind sie fast schon genauso grün wie die Vergleichspflanzen, die immer am Licht standen.

Einige Tage später können Sie noch einmal nach der Kresse im Karton schauen. Die Keimlinge sind jetzt noch etwas höher und dünner geworden. Manche Pflanzen knicken um, und es ist klar, dass sie in den nächsten Tagen eingehen werden. Ihr Sohn oder ihre Tochter möchten die bemitleidenswerten Pflänzchen jetzt sicher auch retten und ans Licht stellen. Bei uns hat die Rettungsaktion zu diesem Zeitpunkt nicht mehr geklappt. Versuchen Sie es! Vielleicht haben Sie ja mehr Erfolg.

Was steckt dahinter?

Pflanzen können mit Hilfe eines Lichtrezeptors, dem Phytochrom, erkennen, ob sie im Hellen oder im Dunklen leben. Meldet der Rezeptor, dass genügend Sonnenlicht für das Wachstum vorhanden ist, bilden die Keimlinge den grünen Blattfarbstoff Chlorophyll. Damit können sie Fotosynthese (siehe Seite 19) machen und normal wachsen.

Meldet der Rezeptor aber, dass nur wenig Licht zur Verfügung steht, läuft in der Pflanze ein spezielles „Schattenprogramm" ab. Das kann dem Keimling zum Beispiel helfen, unter einer Blätterdecke zu überleben. Er schießt in die Länge, um hinauf zum Licht zu kommen. Dabei bildet er keinen grünen Blattfarbstoff, die Blätter sind blassgelb. Genau das haben wir bei der Kresse im Karton beobachtet. Biologen nennen diesen Vorgang Etiolement oder Vergeilung.

Der bekannteste vergeilte Keimling ist der weiße Spargel. Er wächst unter der Erde im Dunkeln heran und wird gestochen, sobald sein Kopf das Licht erblickt. Grünspargel dagegen wächst oberirdisch im Licht und bildet daher Chlorophyll. Theoretisch könnte man aus Bleichspargel auch Grünspargel machen, indem man während des Wachstums die Erde nicht um die Sprosse herum aufhäufelt. Mittlerweile gibt es aber spezielle Sorten, die für den Anbau von Bleichspargel oder Grünspargel verwendet werden.

Und sonst?

Wie wäre es mit einem lustigen Eierkopf mit grüner Mähne? Dazu müssen Sie von einem rohen Ei das obere Drittel der Schale entfernen und den Inhalt in eine Tasse auslaufen lassen. Das Ei wird ausgewaschen und mit Watte gefüllt. Jetzt kann ihr Kind mit Filzstift ein lustiges Gesicht darauf malen, die Watte gut anfeuchten und Kressesamen darauf säen. Die Eier in Eierbechern ans Licht stellen. Schon nach wenigen Tagen wächst den Eierköpfen ein üppiger grüner Schopf.

Immer schön aufrecht bleiben –
Weiß die Kresse, wo oben und unten ist?

Im Wald, auf der Wiese, auf dem Feld – überall wachsen Bäume und Blumen nach oben. Das ist normal und hat Sie bei beim Spazierengehen sicher noch nicht zum Grübeln gebracht. Die Biologen aber schon. Sie fragten sich: Was passiert, wenn eine Pflanze plötzlich auf der Seite liegt? Wächst Sie dann immer noch nach oben? Richtet sie sich nach dem Licht oder kann sie die Schwerkraft spüren? Die Frage hört sich recht kompliziert und wissenschaftlich an. Die Antwort ist aber leicht zu finden – mit Hilfe von Kressekeimlingen.

Das Material
– Kressesamen
– Watte
– ein Blumenuntersetzer
– Filzstift

Das Experiment

Die Anzucht der Kresse kann ihr Kind fast alleine übernehmen – natürlich unter Aufsicht. Zuerst legt es eine dicke Schicht Watte in den Blumenuntersetzer. Dann wird die Watte angefeuchtet, die Kresse darauf ausgesät, der Untersetzer ans Licht gestellt und regelmäßig gegossen. Wenn die Keimlinge rund fünf Zentimeter groß sind – das ist ungefähr nach einer Woche – sind sie für das Experiment bereit. Statt die Kresse neu anzuziehen, können Sie auch die Keimlinge aus dem Versuch „Vornehme Blässe", Seite 21, verwenden.

Um auszuschließen, dass sich die Keimlinge nach dem Licht und nicht nach der Schwerkraft orientieren, wird der Versuch in einem möglichst dicht schließenden Schrank durchgeführt. Nachdem die Watte noch einmal gut angefeuchtet und das überschüssige Wasser abgegossen wurde, stellen Sie den Untersetzer hochkant auf eine Plastikunterlage und klemmen ihn zwischen Buchstützen oder anderen schweren Gegenständen so ein, dass er nicht wegrutscht. Die Kressekeimlinge liegen jetzt waagrecht. Mit einem Filzstift markieren Sie am Untersetzer, wo oben ist. Dann schließen Sie den Schrank.

Am nächsten Tag können Sie mit Ihrem Kind schon einen kurzen Blick hinein wagen: Man sieht bereits jetzt, dass sich die Pflänzchen leicht nach oben biegen. Da die Keimlinge schon recht groß sind, halten sie es zwei oder auch drei Nächte ohne Schaden im dunklen Schrank aus. Nach drei Tagen ist das Ergebnis ganz deutlich: Die Kressepflanzen sind senkrecht nach oben gebogen, manche haben sogar einen deutlichen Knick im Stängel.

Was steckt dahinter?

Pflanzen haben einen Sinn für Schwerkraft. Sie zeigen einen ausgeprägten Geotropismus: Der Spross wächst immer nach oben, die Wurzel nach unten. Das beobachten wir auch beim Versuch mit der Feuerbohne (Seite 58). Wird eine Pflanze auf die Seite gelegt, nimmt sie das mit bestimmten Rezeptoren wahr. Man vermutet, dass der Schwerkraft-Reiz durch die Veränderung der Lage von Stärkekörperchen im Pflanzenstängel vermittelt wird. Ganz geklärt ist das Phänomen aber noch nicht. Sicher ist, dass am Ende der Reizübertragungskette das pflanzliche Wachstumshormon Auxin steht. Dieser Wuchsstoff wirkt auf die Zellen im Pflanzenstiel. Der untenliegende Teil des Stiels wächst stärker als der obere. Dadurch krümmt sich die Spitze des Triebes nach oben.

Und sonst?

Dem lustigen Eierkopf mit Kressemähne, den ihr Kind beim Versuch „Vornehme Blässe" gebastelt hat, kann es jetzt eine Sturmfrisur verpassen. Statt zum Friseur muss der „behaarte" Eierkopf für zwei bis drei Tage waagerecht in den dunklen Schrank.

Auch Pflanzen schwitzen –
Dem Gießwasser auf der Spur

Zimmerpflanzen brauchen regelmäßig Wasser – Gießkanne für Gießkanne, Woche für Woche. Doch wo bleibt eigentlich das ganze Wasser? Ihr Kind hat sicher eine Idee. Aber ist die richtig? Und wie könnte man das nachweisen? Überlegen Sie gemeinsam mit Ihrem Kind und gehen Sie dann auf die Suche nach dem verbrauchten Gießwasser. Dabei erforschen Sie auch, warum einige Pflanzen sehr oft, andere dagegen nur selten gegossen werden müssen.

Das Material
– einige Zimmerpflanzen
– große durchsichtige Plastikbeutel, z. B. 3-Liter-Gefrierbeutel
– Klebeband

Das Experiment
Für dieses Experiment wählen Sie am besten verschiedene Pflanzen aus. Das Kriterium ist die Art der Blätter. Wir brauchen eine Pflanze mit weichen, nicht glänzenden Blättern, wie zum Beispiel eine Buntnessel. Außerdem eine mit harten, wachsartigen Blättern, wie den Ficus.

Bitten Sie ihr Kind, einen Zweig mit möglichst vielen Blättern auszusuchen und die Tüte vorsichtig darüber zu stülpen. Mit Klebeband wird die Öffnung eng am Stängel verschlossen. Jetzt können Sie die Pflanzen kräftig gießen, da wir ja den Weg des Gießwassers verfolgen wollen.

Lassen Sie Ihr Kind raten: In welchem Beutel wird man zuerst die Feuchtigkeit sehen? Je nach Art der Pflanzen kann es einige Tage dauern, bis das Ergebnis deutlich zu erkennen ist. Wenn sich im Inneren des Beutels Tropfen gebildet haben, war das Experiment erfolgreich.

Was steckt dahinter?

Pflanzen nehmen durch ihre Wurzeln regelmäßig Wasser auf und verdunsten es über die Blätter. Der größte Teil des Wassers wird benötigt, um Nährstoffe von der Wurzel zu den Blättern zu transportieren. Da die Blätter das Wasser in gasförmigem Zustand – als Wasserdampf – abgeben, können wir diesen Prozess normalerweise nicht beobachten. In den Beuteln sammelt sich der Wasserdampf und schlägt sich als Kondenswasser an der Plastikfolie nieder.

Das meiste Wasser wird an der Unterseite der Blätter abgegeben. Dort sitzen spezielle Spaltöffnungen, über die die Pflanze die Transpiration regulieren kann. In der Mittagshitze werden die Spaltöffnungen geschlossen. Wenn es kühler ist, werden sie wieder geöffnet.

Sicher haben Sie beobachtet, dass die Pflanze mit den wachsartigen Blättern wesentlich weniger Wasser abgibt als die anderen. Die Wachsschicht schützt die Pflanzen vor starker Verdunstung. Solche Gewächse stammen meist aus heißen Gegenden, wo es von Vorteil ist, wenn der Wasserverlust möglichst gering ist.

Bei Kakteen ist der Verdunstungsschutz noch weiter verbessert. Die Blätter sind zu Dornen reduziert und können daher kein Wasser mehr verdunsten. In der stark angeschwollenen Sprossachse wird zusätzlich Feuchtigkeit gespeichert. Stülpt man einen Beutel oder ein Glas über einen Kaktus, wird man lange Zeit keine Wasserverdunstung nachweisen können.

Und sonst?

Im Frühjahr transportieren die Bäume mit dem Wasser die in den Wurzeln gespeicherten Nährstoffe nach oben zu den Knospen. Der Pflanzensaft kann in dieser Zeit einen Zuckergehalt von mehreren Prozent haben. Das ist Menschen in den verschiedensten Gegenden dieser Welt aufgefallen und sie kamen alle auf die gleiche Idee: Sie bohren die Bäume seitlich an, und fangen den austretenden Saft auf. In Osteuropa wird

Birkensaft gewonnen und als Heilmittel gegen Haarausfall und Schuppen verwendet. Früher hat man den Birkensaft in Russland auch zu Birkenwein vergoren.

Die Indianer im Nordosten Nordamerikas zapfen schon seit alters her den Ahorn an und dicken den Saft durch Kochen über einem Holzfeuer zu Ahornsirup ein. Heute wird der Ahornsaft in Kanada im großen Stil „geerntet" und eingekocht. Für einen Liter Ahornsirup werden etwa 30 bis 50 Liter Saft benötigt. Ahornsirup enthält viele Vitamine und wird in Nordamerika gerne zu Waffeln, Pfannkuchen oder Eis gegessen. Auch bei uns ist Ahornsirup mittlerweile problemlos im Supermarkt erhältlich.

Wenn Tulpen Tinte trinken –
Das Wasserleitungssystem der Pflanzen

Was passiert eigentlich, wenn man eine weiße Blume in blau gefärbtes Wasser stellt? Die Antwort liegt nahe: Sie wird blau. Schwieriger aber ist die nächste Frage. Wie färbt sich eine Blume, die mit der einen Stängelhälfte in blauer und mit der anderen in violetter Tinte steht? Wird sie blau-violett gestreift, marmoriert oder gar halb blau, halb violett?

Das Material
– zwei weiße Tulpen
– zwei blaue und zwei violette Tintenpatronen
– zwei Gläser

Das Experiment
Zuerst der Versuch, mit dem wir die Frage beantworten, was mit einer weißen Blume passiert, die man in blau gefärbtes Wasser stellt. Geben Sie den Inhalt von zwei blauen Tintenpatronen in ein Glas und füllen mit rund 100 Millilitern Wasser auf. Dann schneiden Sie die Tulpe unten frisch an – damit sie das Wasser besser aufnehmen kann – und stellen sie in die verdünnte Tinte. Wenn Sie den Versuch am Nachmittag ansetzen, können Sie am nächsten Tag schon deutlich den Effekt sehen: Die weißen Blüten haben einen blauen Rand bekommen. In den Blütenblättern erkennt man die blau gefärbten, feinen Adern, in denen die Tinte zu den

MAL SEHN, OB SIE BLAU WIRD...

Blatträndern geleitet wird. Sogar der Stempel ist oben blau geworden. In den grünen Blättern sind die Leitungsbahnen ebenfalls blau gefärbt.

Nun die Antwort auf die zweite Frage: Welches Muster hat eine Tulpe, die mit dem Stängel in zwei verschiedenen Farben steht? Wir haben als zweite Farbe zuerst rote Tinte ausprobiert, waren von dem Ergebnis aber nicht überzeugt. In den Blättern konnte man die Rotfärbung zwar gut beobachten, die Blüte war aber nicht richtig rot geworden. Mit violetter Tinte war der Effekt wesentlich eindrucksvoller. Der Farbunterschied zwischen Blau und dem rötlichen Violett war gut sichtbar.

Für die Doppelfärbung setzen Sie zusätzlich eine violette Tintenlösung an. Stellen Sie die beiden Gläser dicht nebeneinander. Mit einem scharfen Küchenmesser spalten Sie den Stil der Tulpe von unten her vorsichtig bis etwa zur Mitte. Nun stellen Sie die Blume mit der einen Stängelhälfte in das blaue Wasser, mit der anderen in das violette. Das kann ein ziemlicher Balanceakt werden. Einfacher geht es, wenn sich die Tulpe an einer Wand anlehnen kann. Genau wie beim ersten Versuch sieht man auch hier erst nach mindestens einem Tag ein Ergebnis.

Was steckt dahinter?

Auch Pflanzen, die bereits von ihrer Wurzel getrennt sind, haben noch die Fähigkeit, Wasser aufzunehmen und zu transportieren. Durch die Färbung werden die Leitungsbahnen sichtbar. Wenn man die Blütenblätter genau betrachtet – vielleicht auch durch die Lupe – erkennt man, wie fein verzweigt das Netz ist. Schließlich muss jede einzelne Zelle mit Wasser versorgt werden.

Beim Versuch mit dem geteilten Stängel wird deutlich, wie die Leitungsbahnen angeordnet sind. In den beiden Hälften der Blüte sammelt sich jeweils der Farbstoff an, der in der dazugehörigen Stängelhälfte nach oben transportiert wurde. Die Blüte ist zur Hälfte blau, zur Hälfte violett. Die Grenze zwischen den Farben ist erstaunlich scharf und deutlich.

Und sonst?

Der einfache Färbeversuch funktioniert prinzipiell mit allen weißen Blumen. Wir haben ihn auch mit Gänseblümchen ausprobiert und es hat prima geklappt.

Und sonst?

Gehen Sie beim nächsten Sonntagnachmittag-Waldspaziergang doch einmal mit der Familie auf die Suche nach Blättern mit einem besonders schönen, ausgeprägten Adernmuster. Diese Blätter können dann als Blaupause für Kunstwerke ihres Sprösslings dienen. Einfach ein Stück Papier über die Blätter legen und mit einen weichen Bleistift leicht darüber fahren. Nach etwas Übung erscheint auf dem Papier das feine Muster der Blattnerven.

Die Anordnung der Adern im Blatt ist übrigens ein zentrales Merkmal für die Bestimmung von Pflanzen. Wichtiges Kriterium ist zum Beispiel, ob die Adern parallel oder netzartig angelegt sind.

Partnersuche aus dem Stand –
Von Bienen und Blüten, Samen und Früchten

Als Blume oder Baum hat man es gar nicht so einfach, wenn man Nachwuchs haben möchte. Man steht fest verankert mit seinen Wurzeln in der Erde und kann nicht wie ein Tier einfach auf Partnersuche gehen. Damit die immobilen Pflanzen trotzdem für Nachkommen sorgen können, hat sich die Evolution einige raffinierte Strategien einfallen lassen.

Das erste Problem, das gelöst werden muss, ist die Bestäubung. Alle Bäume, Blumen und Sträucher stehen vor der gleichen Frage: Wie kommt mein Pollen auf eine andere Blüte meiner Art?

Rund zwanzig Prozent der mitteleuropäischen Arten setzen dabei auf den Wind. Sie bilden Pollen in riesigen Mengen und lassen ihn vom Wind forttragen – in der Hoffnung, dass wenigstens einige davon auf der passenden weiblichen Narbe landen und es dort zur Befruchtung kommt. Effektiv ist diese Methode aber nur, wenn sehr viele Pflanzen der gleichen Art beieinander stehen, wie zum Beispiel in großen Nadelwäldern. Fichten, Kiefern und Tannen sind daher windbestäubt. Aber auch andere Pflanzenfamilien arbeiten mit dem Wind, wie zum Beispiel Hasel, Weide, Brennnessel sowie die Gräser, zu denen auch das Getreide gehört.

Ist der Weg zum nächsten Artgenossen weit, weil man in einem artenreichen Biotop lebt, wäre die Verbreitung der Pollen mit dem Wind nicht sehr effektiv. Man müsste zuviel Pollen produzieren, um sicher zu gehen, dass man damit den seltenen Artgenossen auch wirklich trifft. Da ist es sinnvoller, ganz gezielt vorzugehen. In der Evolution hat sich dabei die Zusammenarbeit mit Tieren, vor allem den Insekten, bestens bewährt. Von dieser Strategie profitieren beide: Blüte und Insekt. Die Blüte wird bestäubt, das Insekt lässt sich Pollen und Nektar schmecken, die ihm von der Blüte offeriert werden.

33

© Springer-Verlag GmbH Deutschland, ein Teil von Springer Nature 2019
C. Broll, *Warum Blumen bunt sind und Wasserläufer nicht ertrinken*,
https://doi.org/10.1007/978-3-662-59504-6_5

Pollen sind für viele Insekten eine wichtige Nahrung. Sie enthalten vor allem Eiweiß und Vitamine, aber nur wenig Zucker. Während die Blütenbesucher die Pollen fressen, heften sich viele Pollenkörner an ihr feines Haarkleid. Besuchen sie die nächste Blüte, bleiben diese Pollen an der klebrigen Narbe hängen und bestäuben somit die Blume. Sehr große Mengen an Pollen produzieren zum Beispiel der Klatschmohn und die Rosen, die daher auch als Pollenblumen bezeichnet werden.

Da die Produktion des eiweißreichen Pollens für die Pflanzen relativ aufwendig ist, sind viele dazu übergegangen, ihren Gästen etwas weniger Pollen, dafür aber zusätzlich Nektar anzubieten. Der Nektar wird von besonderen Drüsen ausgeschieden und enthält vor allem Zucker.

Auf ihr großzügiges Angebot an Pollen und Nektar machen die Blüten mit aufwändiger Werbung aufmerksam. Die bunten Blütenblätter sind weithin sichtbar, der Duft lockt zusätzlich Insekten an. Diese Werbemaßnahmen können Sie beim Versuch „Warum Blumen bunt sind?" (Seite 38) näher kennenlernen.

Kaum ist die Befruchtung geglückt, steht die standfeste Pflanze vor dem nächsten Problem. Wie können die Samen jetzt verbreitet werden? Am simpelsten haben es die Arten gelöst, die ihren Samen einfach auf die Erde fallen lassen, wie zum Beispiel die Bohnen oder die Eichen.

Um die Samen etwas weiter zu streuen, bietet sich wieder der Wind an. Ahorn, Löwenzahn und viele andere haben meisterliche Fluggeräte entwickelt, mit denen die Samen über lange Strecken vom Wind fortgetragen werden können. („Meister im Kunstflug", Seite 47).

Wie es Pflanzen gelingt, Vögel, Eichhörnchen oder sogar Affen für die Verbreitung ihrer Sachen einzuspannen, erfahren Sie beim Ratespiel „Samen – Von XS bis XXL" auf Seite 50.

Klassische Schönheit:
Die Amaryllis – Eine Blüte wie aus dem Lehrbuch

In den ersten Januarwochen gibt es in vielen Supermärkten eingetopfte keimende Amarylliszwiebeln. Wenn Sie eine schöne sehen, sollten Sie sofort zugreifen. Es macht an kalten Wintertagen großen Spaß, der Pflanze beim Wachsen zuzuschauen und zu beobachten, wie sie innerhalb kürzester Zeit vier prächtige, große Blüten bildet. Die Amaryllisblüten sind gebaut wie eine Blüte aus dem Lehrbuch. Da sie so groß sind, kann man an ihnen hervorragend den Blütenbau studieren. Falls Sie keine Amaryllis finden, können Sie auch eine Tulpe untersuchen, die ähnlich gebaut ist.

Das Material
– eine Amaryllis
– scharfes Küchenmesser und Schneidebrett
– Lupe

Das Experiment
Sie können die Amaryllis natürlich auch selbst aufziehen, indem Sie im Herbst die Zwiebeln kaufen und eintopfen. Wenn sie zu keimen beginnt, ist das Wachstum rasant, da die Pflanze in der Zwiebel quasi „fertig" ist und nur auf das Signal wartet, wann sie loslegen kann („Das Prinzip Schneeglöckchen", Seite 64).

Wenn Sie ganz wissenschaftlich vorgehen wollen, lassen Sie Ihr Kind das Wachstum der Pflanze regelmäßig messen und aufschreiben – genau so, wie Sie es tun, wenn Sie ihr Kind messen und seine Größe protokollieren.

Um möglichst lange Freude an der Amaryllis zu haben, untersuchen Sie die Blüte erst, wenn sie langsam anfängt, zu verblühen. Schneiden Sie eine der vier Blüten ab und bitten Sie Ihr Kind, sie ganz genau zu betrachten. Wie viele Blütenblätter hat sie? Wie viele Staubblätter? Wie sieht die Narbe von oben aus?

Dann legen Sie die Blüte auf das Schneidebrett und schneiden mit dem scharfen Küchenmesser den unteren Blütenansatz möglichst in der Mitte durch, bevor Sie den Rest der Blüte zerteilen. In der aufgeklappten Blüte lassen sich jetzt alle Einzelheiten betrachten: die Staubblätter, der Griffel und der Fruchtknoten.

Was steckt dahinter?

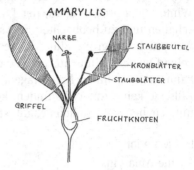

Die sechs roten oder rosafarbenen Blütenkronblätter bilden die äußere Hülle der Blüte. Die Staubblätter bestehen aus dem Staubfaden, an dem oben der Staubbeutel sitzt. In den Staubbeuteln werden die Pollen produziert – die männlichen Keimzellen. Der weibliche Teil der Blüte liegt im Zentrum und besteht aus drei Teilen. Auf dem dünnen Griffel sitzt oben die dreigeteilte, leicht klebrige Narbe. Unten mündet der Griffel in den Fruchtknoten, in dem sich die Eizellen befinden.

Die Blüte ist wunderschön anzusehen – doch welche Funktion haben die einzelnen Teile? Überlegen Sie gemeinsam mit Ihrem Kind. Einiges weiß es sicher schon, zum Beispiel, dass die Blütenblätter bunt sind, um Insekten zum Bestäuben anzulocken. Kommt ein Insekt in die Blüte, heften sich Pollen an seinen Körper, die es dann zur nächsten Blüte mitnimmt. Dort bleiben einige der Pollenkörner an der klebrigen Narbe kleben – die Blüte wird bestäubt. Jetzt beginnt die Phase der Befruchtung. Der Pollen bildet einen Pollenschlauch, der durch den gesamten Griffel hindurch bis hinunter zum Fruchtknoten wächst. Wenn er dort auf die Eizelle trifft, kommt es zur Befruchtung. Es entsteht – wie der Name schon sagt – eine Frucht.

Die Bildung der Früchte lässt sich bei der Amaryllis im Zimmer allerdings schlecht beobachten. Prima dafür geeignet ist aber eine Tomatenpflanze, die man im Frühling auf dem Balkon oder im Garten einpflanzt und an der man den ganzen Sommer über die Bildung der Früchte aus den Blüten beobachten kann.

Und sonst?

Johann Wolfgang von Goethe schrieb bereits 1790 in seiner „Metamorphose der Pflanzen", dass alle Teile der Blüte einfach verschiedene Formen eines Blattes sind. Damit hatte Goethe im Prinzip Recht. Noch heute betrachten Botaniker die einzelnen Blütenteile als Blattorgane, die direkt oder indirekt im Dienst der Fortpflanzung stehen. Bei den Kron- oder Staubblättern ist diese Betrachtung noch nachzuvollziehen. Aber auch der Fruchtknoten besteht eigentlich aus einzelnen Blättern, die miteinander verwachsen sind. Bei der Amaryllis wird der Fruchtknoten aus drei Fruchtblättern gebildet.

Und sonst?

Wenn Sie die einzelnen Blütenteile bestimmt haben, lassen Sie einmal alle Theorie beiseite und bewundern mit Ihrem Kind einfach die Schönheit dieser Blüte – die Kronblätter mit ihrer kräftigen Farbe, der samtigen Oberfläche und den feinen Adern. Nehmen Sie die Lupe zur Hand, gehen Sie gemeinsam auf Entdeckungstour ins „Blütenland" und freuen Sie sich über dieses Kunstwerk der Natur.

Warum Blumen bunt sind –
und für wen sie sich so rausputzen

Die Antwort auf diese Frage lässt sich am besten auf einer blühenden Wiese finden. Die leuchtend gelben, kräftig roten oder tiefblauen Blüten fallen sofort ins Auge – uns genauso wie den Bienen, Hummeln und Schmetterlingen, für die diese Farbenpracht gemacht ist. Mit ihren leuchtenden Farben locken die Blumen Insekten an. Sie sollen die Blüte besuchen, den Pollen zur nächsten Blüte transportieren, ihn dort an der Narbe abstreifen und damit für die Bestäubung sorgen.

Viele Blüten haben sich mit ihrer Farbe, ihrer Form und ihrem Duft auf ganz bestimmte Insekten spezialisiert. Machen Sie beim nächsten Familienspaziergang durch Gärten und Wiesen doch einmal das Ratespiel „Wer bestäubt diese Blüte?" Ein Käfer? Eine Biene? Ein Schmetterling? – Oder kann sich hier etwa jeder bedienen?

Das Material
– ein Strauß Wiesen- und Gartenblumen
– eine Lupe
– ein Pflanzenbestimmungsbuch

Was steckt dahinter?
Wie der Architekt von Baustilen spricht, so spricht der Blütenbiologe von Blumenstilen. Er charakterisiert damit die Gesamtheit aller Merkmale, mit denen eine Blume ihre Bestäuber anlockt. Für jede Insektengruppe hat sich in der Evolution ein spezieller Blumenstil entwickelt. Die wichtigsten Charakteristika der einzelnen Blumenstile erfahren sie hier. Die Auflösung des Ratespiels „Wer bestäubt die Blüte?" finden Sie am Ende des Buchs auf Seite 153. Während sich einige Pflanzenarten auf eine Bestäubergruppe eingestellt haben, sind andere recht flexibel. Die Grenzen zwischen den Blumenstilen sind daher fließend. Bei der Bestimmung der Blumen kann Ihnen ein kleines Pflanzenbestimmungsbuch helfen.

Käfer- und Fliegenblumen: Fliegen und Käfer fliegen nicht auf bunte Blumen. Sie bevorzugen weiß, schmuziggelb und bräunlich. Da Käfer beim Blütenbesuch recht ungeschickt sind, muss die Blüte oder der Blütenstand guten Halt bieten. Scheiben- oder schalenförmige Blüten sind für sie ideal. Die Käfer- und Fliegenblumen produzieren viel Pollen. Ihr Nektar ist frei zugänglich und kann auch von anderen Bestäubern genutzt werden.

Bienenblumen: Bienen und Hummeln sehen die Welt in anderen Farben als wir. Sie können kein Rot wahrnehmen, sehen dafür aber Ultraviolett, das wir nicht erkennen. Außerdem nehmen Bienen Grün nicht als Farbe, sondern nur als Graustufe wahr. Für die Biene heben sich daher die bunten Blumen besonders gut vom grauen Blattwerk ab. Die bevorzugten Blütenfarben der Bienen sind Blau, Gelb und auch Weiß. Sie fliegen aber auch rote Blüten an, wenn die in ihrer Farbzusammensetzung einen gewissen Blau- oder Ultraviolettanteil haben. Der rote Mohn ist für die Bienen ultraviolett.

Da Bienen nicht nur für den Eigenbedarf Pollen und Nektar sammeln, sondern auch für ihre Brut, sind sie besonders eifrige Blütenbesucher. Viele Blumen haben sich daher an diese Bestäubergruppe angepasst. Manche haben in der Evolution sogar einen Teil ihrer Blütenblätter zu Landeplätzen für Bienen umfunktioniert, wie zum Beispiel die Lippenblütler. Der Nektar ist meistens in der Blüte verborgen, aber nicht tiefer als 15 Millimeter, damit ihn die Bienen mit ihrem Rüssel noch erreichen. Bienenblumen haben einen für den Menschen angenehmen Duft.

Tagfalterblumen: Im Gegensatz zu Bienen können Schmetterlinge Rot sehen. Die typische Blume für tagaktive Schmetterlinge ist daher karminrot. Die Blüten haben eine aufrechte Stellung und lange, enge Röhren, auf deren Grund sich der Nektar befindet. Er kann nur von Schmetterlingen aufgesaugt werden, die über entsprechend lange Rüssel verfügen.

Nachtschwärmer- und Mottenblumen: Angepasst an das Leben der nachtaktiven Schmetterlinge öffnen sich diese Blüten am Abend. Es sind meist waagerechte oder hängende, enge Röhrenblüten mit weißlichen Farben, einem intensiven Parfümgeruch und tief verborgenem Nektar, der nur mit einem Schmetterlingsrüssel erreicht werden kann.

Und sonst?

An Raffinesse kaum zu überbieten ist die Methode, mit der Orchideen aus der Gattung Ragwurz ihre Bestäuber anlocken. Diese ahmen mit ihren Blüten die Weibchen von Bienen, Hummeln oder Fliegen nach. Es wird nicht nur die Farbgebung imitiert. Dichte, Länge und Strich der Haare entsprechen perfekt der Behaarung auf dem Hinterleib des Insektenweibchens. Um die Männchen anzulocken, verströmen die Orchideen einen Duftstoff, der in seiner chemischen Zusammensetzung dem normalerweise vom Weibchen produzierten Sexuallockstoff gleicht. Durch den Lockstoff stimuliert, setzt sich das Männchen auf die Ragwurzblüte und beginnt mit der Paarung. Bald merkt er allerdings, dass es nicht klappt. Er fliegt weiter, trifft wieder auf eine als Weibchen getarnte Blüte, befruchtet sie dabei und ist bei dem Spiel irgendwie der Dumme.

Ein Korb voller Blüten –
Das Geheimnis von Löwenzahn und Gänseblümchen

Pflücken Sie einen kleinen Strauß mit fünf Löwenzahnblumen und fragen Sie Ihr Kind: „Wie viele Blüten habe ich in der Hand?" Sicher wird es sagen: „Fünf." Nun können Sie es verblüffen und antworten, dass sie nicht nur fünf, sondern hunderte von Blüten in der Hand haben – und den Beweis antreten.

Das Material
– fünf Löwenzahnblumen
– scharfes Küchenmesser
– Pinzette
– Lupe

Das Experiment
Zuerst schneiden Sie eine Löwenzahnblume in der Mitte durch. Jetzt sehen Sie, dass die Blume aus vielen kleinen, einzelnen Blüten besteht, die auf dem Blütenboden sitzen. Mit der Pinzette kann Ihr Kind ganz vorsichtig einige Blüten abzupfen – am besten vom Rand her, da sie dort schon am weitesten entwickelt sind. Wichtig ist, dass an dem gelben Blütenblatt unten der kleine, wie eine Haarwurzel aussehende Fruchtknoten hängen bleibt.

Mit der Lupe lässt sich jetzt die Einzelblüte betrachten. Botaniker bezeichnen sie wegen ihrer charakteristischen Form als Zungenblüte. Neben dem gelben Blütenblatt fällt der Griffel mit der zweigeteilten Narbe auf. Der Griffel wird umhüllt von einem Kranz aus miteinander verwachsenen Staubblättern. Über dem Fruchtknoten ist ein feiner Haarkranz zu sehen – der Pappus. Aus diesen Haaren entwickelt sich später der „Fallschirm", an dem die Löwenzahnsamen hängen.

Aus wie vielen Blüten besteht der kleine Strauß mit den fünf Löwenzahnblumen nun wirklich? In der wissenschaftlichen Literatur ist nachzulesen, dass eine einzige Blume aus bis zu 250 Einzelblüten bestehen kann. Vielleicht haben Sie ja Lust, mit Ihrem Kind die Blüten zu zählen.

Was steckt dahinter?

Der Löwenzahn gehört zu den Korbblütlern. Wichtigstes Charakteristikum dieser Pflanzenfamilie sind die körbchenförmigen Blütenstände, in denen viele kleine Einzelblüten zu einer Blume zusammengefasst sind. Zu den Korbblütlern gehören auch Distel, Kornblume, Edelweiß, Dahlie, Ringelblume, Margerite, Sonnenblume und Gänseblümchen.

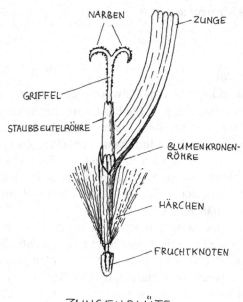

ZUNGENBLÜTE

Und sonst?

Beim Gänseblümchen ist der Blütenbau noch raffinierter als beim Löwenzahn. Der Blütenstand sieht einer einzigen Blüte wirklich täuschend ähnlich. Wenn Sie das Gänseblümchen in der Mitte durchschneiden, können Sie auch hier den Aufbau erkennen. Auf dem Blütenboden sitzen in der Mitte 75 bis 125 winzige gelbe, röhrenförmige Blüten. Der Rand wird von Strahlenblüten mit langen, weißen Blütenblättern gebildet.

Carl von Linné, der im 18. Jahrhundert die noch heute gültige biologische Systematik begründete, fand ganz besonderen Gefallen an dem Gänseblümchen. Er nannte es Bellis perennis – die schöne Mehrjährige (aus dem Lateinischen: bellis – schön und perennis – ausdauernd, mehrjährig). So heißt das Gänseblümchen in der Fachliteratur bis heute.

Mit Gänseblümchen lässt sich übrigens ein Salatteller hervorragend „kinderfreundlich" dekorieren. Die Blüten des Gänseblümchens kann man nämlich essen.

Und sonst?

Wenn der Löwenzahn verblüht, entwickelt sich aus dem Blütenstand die Pusteblume. Auf dem Blütenboden sitzen jetzt die winzigen, samenhaltigen Früchte, von denen jeder mit einem eigenen Fallschirm ausgestattet ist. Die feinen Schirmchen sind bestens für die Verbreitung der Samen mit dem Wind konstruiert. Pusten Sie der Pusteblume was und beobachten Sie, wie die Schirmchen in der Luft tanzen.

Geheimnisträger Kiefernzapfen –
Bei Nässe geschlossen

In einem Kiefernzapfen lagern Geheimnisse so sicher wie in der Bank von England – vorausgesetzt, der Zapfen wird schön feucht gehalten. Nach einem Tag auf der Heizung oder in der Sonne ist es mit der Diskretion allerdings vorbei. Er öffnet seine Schuppen und gibt sein Geheimnis preis.

Das Material
– einige Kiefernzapfen
– Papier und Schere
– eine Schüssel mit
  Wasser

Das Experiment

Die Kiefernzapfen sollten schön trocken sein, damit die Schuppen weit geöffnet sind. Ihr Kind kann kleine Zettel zuschneiden, die zwischen die Schuppen geklemmt werden. Die Zettel dürfen nicht überstehen, damit sie völlig zwischen den Schuppen verschwinden können. Die so präparierten Zapfen werden in eine Schüssel mit Wasser gelegt. Während Sie zusammen beobachten, wie sich die Schuppen schließen, können Sie Ihrem Kind erzählen, wie so ein Zapfen entsteht und wofür er eigentlich gut ist. Nach ein bis spätestens zwei Stunden ist der Zapfen völlig geschlossen. Von den Zetteln ist jetzt nichts mehr zu sehen. Am nächsten Tag können Sie den Zapfen wieder austrocknen – im Winter auf der Heizung, im Sommer draußen in der Sonne.

Was steckt dahinter?

Die Zapfen der Waldkiefer brauchen drei Jahre, bis sie reif sind. Das ist für Kiefern keine lange Zeit – sie können bis zu 600 Jahre alt werden. Im April und Mai blühen die Bäume. Dabei bilden sie männliche und weibliche Zapfen. Die männlichen, rund zwei Zentimeter großen Zapfen produzieren große Mengen von hellgelben feinen Pollen, die durch den Wind verbreitet werden. In Gegenden, in denen viele Kiefern wachsen, kann es in der Blütezeit zu „Schwefelregen" kommen. Dann sind Autos und Fensterscheiben mit den staubartigen Pollen bedeckt.

Eigentliches Ziel der Pollen sind aber die weiblichen Kiefernzapfen. Nachdem sie befruchtet wurden, bilden sie zwischen ihren Schuppen die Samen – nach dem Motto „Gut Ding will Weile haben". Erst im Herbst des zweiten Jahres sind die Samen ausgereift. Aus den Zapfen entlassen werden sie im dritten Jahr. An trockenen Frühlingstagen öffnen sich die Zapfen und erste Samen fallen heraus. Wenn die Luft in der Nacht oder bei Regen feuchter wird, schließen sich die Zapfen wieder etwas. So geht es wochenlang hin und her. Dadurch werden die Samen nur verbreitet, wenn optimales Flugwetter herrscht.

Mit etwas Glück und Geduld können Sie an einem warmen Tag im Frühjahr unter einer Kiefer die rund zwei Zentimeter langen, geflügelten Samen davonsegeln sehen. Sie sind wahre Flugakrobaten. Sie drehen sich wie Propeller und können so bis zu einem Kilometer weit vom Wind getragen werden. Nach welchem Prinzip diese Schraubenflieger funktionieren, ist im Versuch „Meister im Kunstflug", Seite 47, erklärt.

Wenn der Zapfen leer ist, fällt er schließlich ab. Eine hundertjährige Kiefer produziert jährlich etwa 1 600 Zapfen. Geschlossene Zapfen, in denen noch Samen enthalten sind, kann man nach einem schweren Sturm sammeln. Wenn sie zu Hause trocknen, fallen die geflügelten Samen heraus und man kann ihre Flugtechnik genau beobachten.

Und sonst?

Wer italienische Küche mag, hat sicher schon die Samen einer engen Verwandten unserer Waldkiefer gegessen: die Pinienkerne. Bereits in der Antike wurde die Schirmpinie im Mittelmeerraum wegen ihrer schmackhaften Samen angebaut. Sie sind in den Pinienzapfen enthalten, die bis zu 15 Zentimeter groß werden können. Wenn Sie aus dem nächsten Urlaub am Mittelmeer einige Pinienzapfen mitbringen, können sie den Versuch damit noch einmal wiederholen. In den massiven Zapfen lassen sich auch größere Geheimbotschaften einschließen.

Und sonst?

In Kiefernzapfen können Sie die Einladung zum Kindergeburtstag originell verpacken. Besonders passend ist diese Botschaft, wenn Sie einen Experimentiernachmittag veranstalten (Tipps auf Seite 16).

Meister im Kunstflug –
Ein Papierhubschrauber als Modell für geflügelte Samen

Eines der raffiniertesten Fluggeräte der Welt hat die Natur konstruiert: den Schraubenflieger. Mitten im Sturzflug legt er eine Vollbremsung hin und beginnt wie ein Propeller zu rotieren. Je schneller er sich dreht, umso langsamer sinkt er zu Boden – als ob er einen Fallschirm gezogen hätte, der es ihm erlaubt, sich durch die Lüfte tragen zu lassen. Wo Sie solche Flugakrobatik beobachten können? Im Herbst in der Nähe von Ahornbäumen oder Linden. Auch die Samen von Nadelbäumen gehören zu den Schraubenfliegern.

Das Material

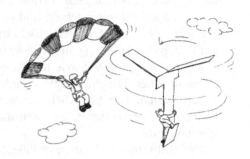

- Samen von Ahorn, Fichte oder Kiefer
- ein DIN-A4-Blatt Papier
- eine Büroklammer
- Schere, Klebstoff

Das Experiment

Zuerst beobachten Sie gemeinsam mit Ihrem Kind ganz genau den Flug des Samens. Ahornsamen sind nicht schwer zu finden. Die Bäume wachsen in vielen Parks. Die Samen von Fichte oder Kiefer sind schwieriger zu bekommen. Zapfen, die man auf dem Boden unter den Bäumen findet, enthalten normalerweise keine Samen mehr („Geheimnisträger Kiefernzapfen", Seite 44). Nach einem Sturm kann man allerdings Glück haben und geschlossene Zapfen mit Samen darin finden. Um die Zapfen zu öffnen, lässt man sie einfach im Zimmer trocknen.

Damit die Flugbahn der Samen möglichst lang wird, stellt sich ihr Kind am besten auf einen stabilen Stuhl. Dann darf es den Samen in die Luft werfen. Was passiert? Schauen Sie genau hin und versuchen Sie, die Flugbewegung exakt zu beschreiben. Dadurch lernt Ihre Tochter oder Ihr Sohn präzise Beobachtung. So beginnt jede wissenschaftliche Untersuchung.

Zuerst fliegt der geflügelte Samen im Sturzflug wie ein Komet – den Samen vorneweg, den Flügel als Schweif hinter sich herziehend. Aber plötzlich, als ob er von Geisterhand gesteuert wird, legt sich der Flügel flach auf die Seite und beginnt sich zu drehen. Die Drehachse verläuft dabei durch den Kern. Schnell rotierend sinkt er in einem eleganten Flug auf den Boden.

Wie gelingt es dem Flugsamen, eine derart raffinierte Bewegung quasi aus sich selbst heraus zu organisieren? Das haben sich auch Physiker gefragt und ein einfaches Modell zu Rate gezogen – einen Papierhubschrauber, den auch Kinder leicht nach der Anleitung auf Seite 49 basteln können.

Nun beobachten wir, wie der Papierhubschrauber fliegt. Er macht einen kurzen Sturzflug und beginnt sich dann zu drehen. Genau wie beim Schraubenflieger-Samen wird die Rotation immer schneller, wodurch die Fluggeschwindigkeit gebremst wird.

Der Hubschrauber hat zwei Flügel, der Samen aber nur einen, wird Ihr Kind vielleicht kritisch bemerken. Also versuchen wir es mit einem einflügligen Hubschrauber. Und in der Tat – es funktioniert. Er rotiert jetzt zwar etwas langsamer und labiler. Als Modell für den Flug eines Schraubenfliegers ist er aber immer noch bestens geeignet.

Was steckt dahinter?

Indem sich der Samen während des Fluges auf die Seite legt, nutzt er seine gesamte Flügelfläche, um den Luftwiderstand zu erhöhen. Durch die schnelle Rotation wird dieser Effekt noch verstärkt. Die gesamte Kreisfläche, die von dem sich drehenden Flügel eingenommen wird, wirkt quasi wie ein Fallschirm. Dadurch gelingt es ihm, die Sinkgeschwindigkeit zu reduzieren.

Für die Verbreitung des Baumes hat der elegante Sinkflug der Schraubendreher-Samen große Vorteile: Je länger der Flieger in der Luft bleibt, umso weiter kann er vom Wind weggetragen werden und sich ausbreiten. Das ist auch der Grund, warum sich die Schraubendreher-Flieger im Laufe der Evolution entwickelt haben.

Und sonst?

Mit Ahornsamen kann man nicht nur Kunstflug üben, sondern auch anderen eine lange Nase zeigen. Dazu brauchen wir Ahornsamen, die noch grün sind. Einen Flügel des Samens am dicken Ende längs spalten und auf die Nasespitze klemmen. Fertig ist Zwerg Nase.

Bastelanleitung

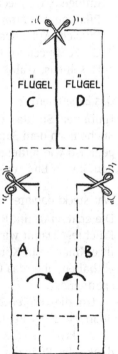

- Nach dem Muster der Schablone einen Papierstreifen ausschneiden und an den drei mit einer Schere markierten Linien einschneiden.
- Die Flächen A und B nach innen falten und festkleben.
- Das untere Ende nach oben knicken und mit einer Büroklammer – als Gewicht – befestigen.
- Die Flügel C und D an der gestrichelten Linie umknicken, bis sie waagerecht stehen.

Samen: Von XS bis XXL –
Wo hat sich der Same versteckt?

Dies ist eigentlich kein Experiment, sondern ein Ratespiel, das mit dem Verzehr einer großen Portion Obstsalat endet. Sie können es im Laufe des Jahres immer mal wieder spielen – mit den jeweiligen Früchten der Saison. Die Frage lautet: „Wo hat sich der Same versteckt?" Vielleicht spielen Ihre Kinder auch gerne „Wer hat die meisten Samen auf dem Teller?"

Das Material
– Früchte und Nüsse der Saison:
   Erdbeere, Himbeere, Kirsche, Mirabelle, Johannisbeere,
   Pflaume, Weintraube, Brombeere, Heidelbeere,
   Pfirsich, Apfel, Orange, Banane,
   Gurke, Zucchini, Paprika, Tomate,
   Haselnuss, Walnuss, Erdnuss, Kastanie, Kokosnuss

Das Experiment
Halbieren Sie das Obst und gehen Sie gemeinsam auf die Suche nach dem Samen. Sie finden dabei winzigkleine Samen genauso wie mittelgroße und ganz riesige. Die Auflösung finden Sie am Ende des Buchs auf Seite 154.

Was steckt dahinter?
Die erste Frage im Ratespiel lautet: „Warum gibt es überhaupt Früchte?" Damit wir etwas zu essen haben, meinen vielleicht Ihre Kinder. Ein Körnchen Wahrheit ist schon in der Antwort enthalten, aber das Ganze ist etwas komplizierter – und auch spannender.

Um die Verbreitung ihrer Samen sicherzustellen, haben die Pflanzen in der Evolution äußerst raffinierte Tricks entwickelt. Einer davon ist die Produktion von Früchten. Der Hintergedanke der Pflanzen: Sie packen ihre Samen in süßes Fruchtfleisch, damit die Tiere die Frucht mitsamt den Samen fressen und sie an einem anderen Ort mit dem Kot wieder ausscheiden. So wird das Tier für die Verbreitung der Samen eingespannt.

Damit die Samen die Passage durch das Tier überstehen, müssen sie eine stabile Hülle haben. Es muss gewährleistet sein, dass der Samen weder beim Kauen beschädigt noch von den Verdauungssäften zersetzt wird.

Doch damit nicht genug der Spezialisierung. Form, Farbe und Geschmack der Frucht sind speziell auf die Tiere abgestimmt, die sie fressen sollen. Früchte, die von Vögeln verbreitet werden, sind meist relativ klein und auffallend rot oder schwarz gefärbt. Sie fallen nicht vom Baum oder Strauch, wenn sie reif sind, da sie von den Vögeln abgepickt werden sollen. Von den Früchten, die wir essen, sind das zum Beispiel Süßkirschen, Johannisbeeren, Heidelbeeren, Holunder und auch die Oliven.

Sollen die Früchte durch Säugetiere verbreitet werden, müssen sie andere Eigenschaften haben: Sie sind oft größer und nicht so auffallend gefärbt. Dafür duften sie aber stärker und manche haben eine harte Schale. Wenn sie reif sind, fallen sie allein vom Baum, damit sie von den Tieren aufgesammelt und gefressen werden können. Zu den von Säugetieren verbreiteten Früchten gehören zum Beispiel Pfirsich, Apfel, Kürbis, Gurke, Zitrusfrüchte und die Banane.

Manche Arten setzen bei der Verbreitung ihrer Samen gleich auf viele verschiedene Tierarten, wie zum Beispiel die Erdbeere. Die Walderdbeeren werden von Säugetieren wie Rotfuchs, Dachs oder Igel gefressen, aber auch von Vögeln und sogar Weinbergschnecken und einigen Käferarten.

Haselnuss, Walnuss & Co. machen sich die Vorratshaltung von Eichhörnchen, Mäusen und Körner fressenden Vögeln zunutze. Diese Tiere fressen zwar die in der Nuss enthaltenen Samen. Durch verlorene Nüsse und vergessene Nahrungsverstecke sorgen sie aber gleichzeitig für die Ausbreitung der Samen.

Viele Früchte, die in der Evolution für die Tiere entstanden sind, haben die Menschen im Lauf der Jahrhunderte durch

Zucht verändert – sie süßer, weicher und auch haltbarer gemacht. Diese Sorten werden natürlich nicht mehr durch die Ausscheidung mit dem Kot verbreitet, sondern von Gärtnern und Landwirten.

Bei einem Spaziergang im Spätsommer oder Herbst kann man beobachten, welche Bäume und Sträucher auf die Verbreitung durch Vögel warten. Besonders am Waldrand leuchten dann die roten Vogelbeeren, die schwarzen Brombeeren und die Hagebutten der Heckenrosen.

Und sonst?

Die Kokosnuss hat auf dem Früchte- und Nussteller eine Sonderstellung. Sie wird nicht von Tieren verbreitet, sondern über das Wasser, genauer gesagt über das Meer. Da sie zu den größten Samen gehört, die es auf der Welt gibt, lohnt es sich, sie genauer anzuschauen. (Der größte Samen wird übrigens von der Seychellenpalme gebildet, die nur auf den Seychellen-Inseln Praslin und Curieuse im Indischen Ozean wächst. Die Seychellennüsse wiegen rund 18 Kilogramm und haben einen Durchmesser von circa 50 Zentimetern.)

Die Kokosnüsse, die es bei uns zu kaufen gibt, sind nur der innere Kern der Kokosnussfrucht. Um die Nuss herum ist noch eine dicke Schicht aus dichten, harten Fasern. Umhüllt wird das Ganze von einer ledrigen Außenhaut. Durch die zwischen den Fasern eingeschlossene Luft wird die Kokosnuss schwimmfähig. Kokosnüsse können weit über das Meer getrieben werden und dann an fernen Küsten zu neuen Palmen austreiben. Die Fasern werden in den Heimatländern der Kokospalme von den Nüssen entfernt und zu Kokosmatten oder Teppichen verarbeitet.

Im Innern der Kokosnuss befinden sich das weiße Fruchtfleisch und das Kokoswasser. Der rund einen Zentimeter große Embryo ist in das weiße Fruchtfleisch eingebettet. Er liegt ganz in der Nähe der größten Pore, durch die er sich beim Keimen den Weg nach außen bahnt.

Erbsenspuk –
Nicht nur zur Geisterstunde

Mit dem Erbsenspuk kann Ihr Kind einen ahnungslosen Erwachsenen ganz schön aus der Fassung bringen – und riesigen Spaß dabei haben. Bevor Sie gemeinsam zur Tat schreiten, sollten Sie das Experiment erst einmal allein mit Ihrem Kind ausprobieren.

Das Material
– getrocknete, grüne Erbsen aus dem Supermarkt
  (keine Schälerbsen)
– ein niedriges, breites Wasserglas
– ein Teller

Das Experiment
Stellen Sie das Wasserglas auf einen großen Essteller aus Porzellan und bitten Sie ihr Kind, so viele Erbsen wie möglich in das Wasserglas zu füllen. Je höher die Erbsen aufgehäuft sind, umso besser gelingt das Experiment. Dann wird das Glas vorsichtig bis zum Rand mit Wasser aufgefüllt und stehen gelassen. Damit man vom Effekt des Versuchs richtig überrascht wird, sollte es im Raum möglichst ruhig sein – auf keinen Fall Radio oder Fernsehen einschalten.

Je nach Erbsensorte dauert es mindestens eine halbe bis eine Stunde, bis die erste Erbse mit einem hellen „klack" auf den Teller purzelt. Dann geht es im Abstand von wenigen Minuten munter weiter: „klack – klack – klack". Wenn man nicht weiß, wo das Geräusch herkommt, kann es einen ganz schön nervös machen – vor allem, weil das Klacken in unregelmäßigen Abständen zu hören ist.

Nach ungefähr vier Stunden ist der Spuk allmählich vorbei. Das Wasser wurde von den Erbsen völlig aufgesogen. Wenn Sie wieder Wasser auffüllen, kann das Spiel weitergehen.

Was steckt dahinter?

Die getrockneten Erbsen nehmen das Wasser auf und quellen. Da sie dabei größer werden, haben sie bald nicht mehr genügend Platz im Glas und purzeln nach und nach über den Rand.

Die Erbsen sind Samen, die sich im Ruhezustand befinden. In dieser Ruhephase können manche Samen Jahre bis Jahrzehnte überdauern, bis sie durch bestimmte Reize zum Keimen angeregt werden – zum Beispiel durch den Kontakt mit Wasser. In der gequollenen Erbse wird der Stoffwechsel wieder aktiviert – sie erwacht zum Leben und beginnt zu keimen. Dabei werden die im Samen gespeicherten Reservestoffe, wie Stärke und Eiweiß, mobilisiert, so dass sie den winzigen Embryo ernähren können. Welche Energie in quellenden Samen steckt, können Sie im Versuch „Samen mit Sprengkraft", Seite 56, beobachten.

Den Spuk richtig planen

Durch den Vorversuch wissen Sie, wie lange die Erbsen zum Quellen brauchen. Daher können Sie genau kalkulieren, wann Sie die Erbsen ansetzen müssen, damit der Spuk zum geplanten Zeitpunkt beginnt. Ihr Kind hat sich sicher schon sein

Opfer ausgesucht. Jetzt fehlt nur noch das richtige Versteck – vielleicht unter einem Schrank oder unter dem Sofa und möglichst in der Nähe des Lieblings-Sitzplatzes ihrer Zielperson.

Und sonst?

Die vorgequollenen Erbsen können Sie über Nacht nochmals in Wasser einweichen und am nächsten Tag einen deftigen Erbseneintopf kochen. Das schmeckt und ist gesund, da Hülsenfrüchte – zu denen ja die Erbsen gehören – viel Eiweiß und wertvolle Mineralstoffe enthalten.

Samen mit Sprengkraft –
Wer ist stärker, die Erbse oder der Gips?

Wenn Holz und Samen quellen, können sie gewaltige Kräfte entwickeln. Das wussten schon die alten Ägypter. Um große Felsbrocken zu teilen, bohrten sie Löcher in den Stein, drückten trockene Samen oder Holzstücke hinein und gossen Wasser darüber. Durch die Quellung entstand so viel Druck, dass die Steinblöcke Risse bekamen und brachen.

Zu Hause können wir keine Felsen zum Bersten bringen. Wir versuchen aber, ob uns die Sprengung eines Gipsblocks gelingt.

Das Material

- getrocknete, grüne Erbsen aus dem Supermarkt
- Gips
- eine Schüssel zum Anrühren des Gipses
- ein Plastikschälchen als Form für den Gipsblock, z. B. von Fleischsalat oder Margarine,
- ein Suppenteller

Das Experiment

Zuerst legen wir die Arbeitsfläche in der Küche mit Zeitung aus, damit wir nachher nicht so viel putzen müssen. Die Menge an Gips, die zum Anrühren benötigt wird, richtet sich nach der Größe der Form, in der nachher der Gipsblock gegossen wird. Füllen Sie den Gips in eine Schüssel und geben unter Rühren langsam Wasser dazu. Der Gipsbrei sollte möglichst dick sein. Füllen Sie den Brei in das Plastikförmchen – mindestens zwei Zentimeter hoch. Ist die Gipsplatte dünner, bricht sie später zu schnell. Jetzt kann Ihr Kind die Erbsen vorsichtig auf den Gips legen – vielleicht in Form eines einreihigen Kreuzes und nicht zu dicht aneinander. Die Erbsen sollten nicht bis auf den Boden gedrückt werden, damit sie nach dem Aushärten gut im Gipsblock versteckt sind. Danach die Erbsen mit einer Schicht Gips zudecken, die Oberfläche schön glatt streichen und das Ganze trocknen lassen – im Winter am besten an der Heizung. Wenn Sie jetzt gleich die Schüssel, in der Sie den Gips angerührt haben, unter fließendem Wasser abwaschen, lässt sie sich hervorragend reinigen.

Nach einigen Stunden ist der Gipsblock hart und Sie können ihn vorsichtig aus dem Plastikförmchen herausdrücken. Legen Sie ihn auf einen Suppenteller. Ihr Kind kann nun Wasser darüber gießen – der Boden des Tellers sollte gut mit Wasser bedeckt sein.

Wann der erste Riss im Gips zu erkennen ist, hängt von vielen Faktoren ab: der Erbsensorte, der Konsistenz des Gipsbreis und der Dicke des Gipsblocks. Bei uns war schon nach einer Stunde ein kleiner Riss zu sehen. Wir ließen den Gipsblock über Nacht im Wasser stehen. Am nächsten Morgen hatten es die Erbsen geschafft: Der Gipsblock war gesprengt. An den Bruchstellen waren die aufgequollenen Erbsen deutlich zu sehen.

Was steckt dahinter?
Pflanzen bilden Samen, um sich zu vermehren. Manche Samen werden durch den Wind verbreitet, andere werden von Tieren gefressen und von ihnen wieder ausgeschieden. Die Samen der Erbsenpflanze müssen den Winter im Boden überdauern, ehe sie im nächsten Frühjahr auskeimen können. Damit die Samen diese Strapazen überstehen, müssen sie möglichst stabil sein. Viele Samen, wie zum Beispiel unsere Erbse, sind daher trocken und hart. Sobald sie mit Wasser in Berührung kommen, saugen sie es gierig auf. Die Zellen im Innern des Samens nehmen die Wassermoleküle auf und vergrößern sich dadurch. Bei Hülsenfrüchten, wie Erbsen oder Bohnen, ist dieser Effekt besonders ausgeprägt. Die quellenden Zellen können einen enormen Druck ausüben.

Wer in der Bohne wohnt –
Ein Keimling zum Anfassen

Wenn es eine Auszeichnung für die pädagogisch wertvollste Pflanze gäbe, wäre die Feuerbohne sicher unter den Gewinnern. Sie ist anspruchslos, wächst schnell und ist außerdem noch schön anzusehen. Das fängt schon bei den dunkelroten, schwarz marmorierten Samen an. Sie sind so groß, dass in ihrem Inneren sogar der Embryo zu sehen ist. Bei der Keimung lässt sich noch ein anderes Phänomen demonstrieren: Die Wurzeln wachsen immer nach unten – egal wie der Samen liegt. Pflanzt man die gekeimte Bohne ein, wächst sie den Kindern bald über den Kopf, da sie sogar im Zimmer meterlange Triebe entwickelt.

Das Material
- ein Päckchen Samen von Feuerbohnen
- Lupe
- kleine Kompottschüssel aus Glas
- Watte
- großer Blumentopf mit Erde und langer Stange

Das Experiment – Teil 1
Weichen Sie zehn bis fünfzehn Bohnen über Nacht in Wasser ein. Am nächsten Tag können sie dann untersucht werden. Zuerst vergleichen Sie die gequollenen Bohnen mit einigen trockenen. Sind sie durch das Einweichen größer geworden?

Aber wie ist das Wasser überhaupt in die Bohne gekommen? Ihr Kind wird sicher gleich die Öffnung finden. An der nach innen gekrümmten Längsseite der Bohne ist deutlich die

Keimpore zu sehen, durch die der Samen Wasser aufnehmen kann.

Um die Bohne genauer untersuchen zu können, muss die schöne, dunkel marmorierte Haut vorsichtig abgezogen werden. An der schmalen Seite sieht man jetzt eine kleine weiße Spitze. Dann kann Ihr Kind die beiden Bohnenhälften vorsichtig auseinanderklappen. Schon mit bloßem Auge ist der zarte, farblose Keimling zu erkennen. Die kleine Spitze, die zwischen den Bohnenhälften herausgeschaut hat, ist der Wurzelansatz. Auch die feinen, noch zusammengefalteten Blättchen sind gut zu sehen. Wenn man vorsichtig an der Wurzel zieht, kann man den Keimling ablösen und dann mit der Lupe betrachten. Kaum zu glauben, dass daraus einmal eine kräftige Bohnenpflanze wird.

Was steckt dahinter?

Im Samen der Bohne ist der Keimling bereits vollständig angelegt. Daher kann die Bohne sofort zu keimen beginnen, wenn die Umweltbedingungen dafür günstig sind – zum Beispiel, wenn es warm und feucht ist. Damit die keimende Pflanze gut wachsen kann, hat sie jede Menge Proviant dabei. In den beiden Bohnenhälften sind Reservestoffe in Form von Eiweiß und Fett enthalten.

Das Experiment – Teil 2

Im zweiten Teil des Experiments wollen wir die Keimung beobachten. Dazu kann Ihr Kind eine dicke Watteschicht in die Glasschüssel legen und anfeuchten. Zwischen Watte und Schüssel werden die gequollenen Samen geklemmt – abwechselnd mit der Keimpore nach oben und nach unten. Dann wird die Glasschüssel ans Licht gestellt und regelmäßig feucht gehalten.

Schon nach zwei bis drei Tagen haben die ersten Bohnen begonnen zu keimen. Sobald Wurzel und Sprossansatz gut zu erkennen sind, betrachten wir die Bohnen noch einmal ganz genau. Wie sind die Wurzeln gewachsen? Bei den Bohnen, die mit der Keimpore nach unten lagen, ist die Wurzel einfach geradewegs hinunter gewachsen. Bei den Bohnen, deren Keimpore oben war, krümmt sich die Wurzel an der Austrittsstelle, um dann auch Kurs nach unten zu nehmen. Es ist also egal, wie die Keimpore liegt – die Wurzeln wachsen immer nach unten.

Was steckt dahinter?

Die Wurzeln scheinen zu „wissen", wo unten ist. Wie das genau funktioniert, ist aber noch immer nicht genau geklärt. Sicher ist, dass in der Wurzelspitze spezielle Zellen liegen, die auf die Schwerkraft reagieren. In diesen sogenannten Statocysten sind Stärkekörnchen enthalten, deren Verlagerung von den Zellen wahrgenommen wird. Über ein kompliziertes Vermittlungssystem, an dem verschiedene Pflanzenhormone beteiligt sind, wird das Signal der Statocysten an die Wachstumszone der Wurzel geleitet, die dafür sorgt, dass die Wurzel nach unten wächst.

Das Experiment – Teil 3

Lässt man die Bohnen weiter wachsen, kann man beobachten, wie sich der Spross aufrichtet. Die beiden zarten Blättchen, die wir im ersten Teil des Experiments am Keimling beobachtet haben, werden jetzt grün und falten sich auf. Die Wurzel wird kräftig und entwickelt schon Seitenwurzeln. Spätestens jetzt sollte der Keimling in Erde gesetzt werden. Da die Feuerbohne so schnell wächst, dass man ihr fast dabei zuschauen kann, braucht sie einen großen Topf. Wichtig ist eine möglichst lange Stange, an der sie sich entlangwinden kann. Sie windet sich übrigens immer linksherum.

Im Nu ist die Bohne größer als ihr Kind. Sie kann bis zu sieben Meter lang werden. Im Sommer können Sie die gekeimte Bohne gleich in den Garten pflanzen.

Und sonst?

Viel Spaß haben Kinder mit einem Feuerbohnen-Tipi im Garten. Dafür bauen Sie zuerst ein Stangengerüst in Form eines Indianerzelts. Sobald keine Frostnächte mehr befürchtet werden müssen, stecken Sie über Nacht gequollene Samen am Fuß der Stangen in die Erde. Die Bohnen ranken sich in kürzester Zeit an den Stangen hoch. Rotblühende Sorten sind eine wahre Zierde für den Garten. Sobald sich die Fruchthülsen bilden, sollten Sie Ihrem Kind sagen, dass es die rohen Bohnen auf keinen Fall probieren darf. Sie enthalten – wie alle anderen Bohnen auch – Phasein, einen Eiweißstoff, der gesundheitsschädlich ist. Da das Phasein beim Erhitzen auf 75 Grad zerstört wird, können gekochte Bohnen unbedenklich gegessen werden – natürlich auch die vom Tipi im eigenen Garten.

Es geht auch ohne Blüten – Die vegetative Vermehrung der Pflanzen

Da die Bestäubung und Befruchtung der Blüten nicht immer gesichert ist, haben viele Pflanzen noch eine zweite Art der Fortpflanzung entwickelt – die vegetative Vermehrung. Dabei entwickelt sich aus einem Teil der Mutterpflanze eine neue Tochterpflanze. Die Strategien sind vielfältig. Die Pflanzen arbeiten mit Ausläufern, Knollenbildung oder Brutzwiebeln und manche können sogar aus abgefallenen Blättern noch neue Pflänzchen regenerieren.

Die vegetative Vermehrung hat einen großen Vorteil: Die Pflanze kann aus sich heraus selbst für Nachkommen sorgen. Im Gegensatz zur geschlechtlichen Vermehrung ist sie nicht darauf angewiesen, dass ihre Blüten befruchtet und die Samen verbreitet werden. Sie vermeidet auch das Risiko, dass die Samen an einem ungünstigen Ort landen und dort nicht keimen können.

Einen gravierenden Nachteil hat die vegetative, die ungeschlechtliche Vermehrung allerdings: Die Tochterpflanzen haben das gleiche Erbgut wie die Mutterpflanze. Würden sich alle Pflanzen einer Art nur noch vegetativ vermehren, bestünde nicht die Chance, dass sich neue Variationen innerhalb der Art entwickeln.

Die Entstehung neuer Variationen ist nur durch die geschlechtliche Vermehrung möglich, bei der männliche Pollen mit weiblichen Eizellen im Fruchtknoten einer Blüte verschmelzen. Im Prinzip läuft bei dieser geschlechtlichen Vermehrung der Pflanzen das Gleiche ab wie bei der Befruchtung von tierischen oder menschlichen Eizellen. Das männliche und das weibliche Erbgut werden kombiniert – es entsteht eine Pflanze mit neuen Eigenschaften. Die geschlechtliche Vermehrung liefert damit die Basis für die genetische Variabilität und garantiert so die Weiterentwicklung der Art im Lauf der Evolution.

© Springer-Verlag GmbH Deutschland, ein Teil von Springer Nature 2019
C. Broll, *Warum Blumen bunt sind und Wasserläufer nicht ertrinken*,
https://doi.org/10.1007/978-3-662-59504-6_6

Das Prinzip Schneeglöckchen –
Wie sich Zwiebelpflanzen auf den Frühling vorbereiten

Zwei, drei schöne Tage im Januar genügen und schon blühen an sonnigen Stellen die ersten Schneeglöckchen. Zeit zum Wachsen hatten sie eigentlich nicht. Trotzdem hat das Schneeglöckchen alles, was zu einer kompletten Pflanze gehört: Stängel, Blätter, Blüten. Wie schaffen es die kleinen Überlebenskünstler, in nur wenigen Tagen bereit zum Blühen zu sein? Da wir die Schneeglöckchen nicht beim Blühen stören wollen, untersuchen wir das „Prinzip Schneeglöckchen" an Küchenzwiebeln. Die gehören zwar nicht zu den typischen Frühblühern wie Schneeglöckchen, Krokus oder Tulpe, arbeiten aber im Prinzip mit den gleichen biologischen Mitteln.

Das Material
- einige Küchenzwiebeln
- ein Blumentopf mit Erde

Das Experiment –
Teil 1: die Zwiebel

Zuerst untersuchen wir eine Küchenzwiebel, da sie von ihrem Aufbau her den Zwiebeln vieler Frühlingsblumen gleicht. Besonders geeignet ist eine rote Speisezwiebel, da man durch die natürliche Färbung die einzelnen Teile besser erkennen kann. Wenn Sie eine Zwiebel verwenden, die bereits in der Speisekammer gekeimt ist, können Sie besser nachvollziehen, wie das Austreiben abläuft.

Schneiden Sie die Zwiebel einfach in der Mitte durch und betrachten Sie sie zusammen mit Ihrem Kind. Bei der keimenden Zwiebel wächst aus dem Inneren der Trieb nach oben. Umgeben wird er von den fleischigen Zwiebelschalen, die unten auf der Zwiebelscheibe sitzen und dadurch zusammengehalten werden. Neben dem Trieb befindet sich zwischen

den Zwiebelschalen noch eine kleine Extrazwiebel, die soge-
nannte Ersatzzwiebel. Aus ihr würde im nächsten Jahr eine
neue Zwiebel – wenn wir sie nicht vorher essen würden.

Falls Sie bei Ihrer Zwiebel die Ersatzzwiebel nicht sehen,
probieren Sie Ihr Glück einfach mit einer anderen. Vielleicht
haben Sie sie beim Durchschneiden nicht getroffen oder Sie
haben eine Pflanze erwischt, die keine Ersatzzwiebel angelegt
hat.

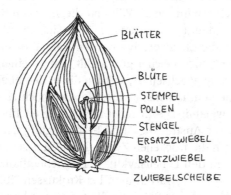

Das Experiment –
Teil 2: Die Zwiebel blüht.

Im zweiten Teil des Experiments beobachten wir, was passiert, wenn man eine Küchenzwiebel einpflanzt. Die wenig-
sten Kinder haben schon einmal eine blühende Küchenzwiebel gesehen. Geben Sie Ihrem Kind eine vorgekeimte Zwiebel,
die es einfach mit der Spitze nach oben in einen mit Erde ge-
füllten Blumentopf steckt. Die Zwiebel sollte nicht komplett
mit Erde bedeckt sein, damit man noch sieht, wie sie sich mit
der Zeit verändert. Der Blumentopf wird ans Fenster gestellt
und regelmäßig gegossen. Schon nach wenigen Tagen zeigen
sich die ersten Blätter. Unsere Zwiebel hat nach sechs Wochen Knospen angesetzt und nach weiteren zwei Wochen ihren kugeligen, weißen Blütenstand entfaltet. Da war sie schon
etwas langsamer als die kleinen Schneeglöckchen.

Was steckt dahinter?

In der Zwiebel sitzt die Pflanze quasi fix und fertig gepackt auf ihrem Koffer. Den Proviant hat sie in den dicken, fleischigen Schalen eingelagert. Sobald das Signal zum Austreiben kommt – zum Beispiel durch Sonne und Feuchtigkeit –, geht es los. Die Blätter und die Blüte schieben sich nach oben und entwickeln sich schnell zu einer kräftigen Pflanze. Dabei werden die Nährstoffe in der Zwiebel nach und nach verbraucht. Die Altzwiebel wird welk. Während die Zwiebelpflanze weiter wächst, „denkt" sie bereits an den nächsten Winter und sorgt vor: In die Ersatzzwiebel werden Nährstoffe eingelagert. Wenn dieser neue Speicher gut gefüllt und zu einer kräftigen Zwiebel herangewachsen ist, werden die in den oberirdischen Pflanzenteilen enthaltenen Nährstoffe auch noch eingezogen – die Blätter welken. Die Zwiebel ist jetzt bereit für die Überwinterung. Vor Austrocknen und Beschädigung ist sie in dieser Zeit durch die trockenen Zwiebelschalen geschützt.

Wenn man den Lebenszyklus der Zwiebelpflanzen kennt, versteht man auch, warum man bei Krokussen, Tulpen, Narzissen & Co. nach der Blüte die Blätter stehen lassen soll, bis sie von selber welken. Schneidet man sie zu früh ab, kann die Zwiebel nicht genügend Vorräte anlegen und wird im nächsten Frühjahr nicht austreiben.

Manchmal ist in den Zwiebeln zwischen den fleischigen Schalen noch eine zweite Minizwiebel zu sehen. Das ist eine Brutzwiebel. Viele Frühblüher vermehren sich, indem sie Brutzwiebeln bilden, aus denen dann eine neue Pflanze entsteht.

Und sonst?

In Tulpenzwiebeln kann man sehr schön die fertig ausgebildete, aber noch winzig kleine Blüte sehen. Dazu schneidet man eine Tulpenzwiebel, die gerade beginnt auszutreiben, vorsichtig in der Mitte durch. Bei Betrachtung mit der Lupe sind sogar die Blütenblätter, die Staubblätter und der Stempel zu erkennen.

Und sonst?

Als Fraßschutz enthalten viele Zwiebelarten Stoffe, die für Tiere giftig oder zumindest sehr unbekömmlich sind. Unsere Speisezwiebeln sind für den Menschen ungiftig. Für Hunde und Katzen sind sie allerdings sehr giftig. Der Verzehr einer mittelgroßen Zwiebel kann das Ende für einen rund fünf Kilogramm schweren Hund sein, warnt das Deutsche Tierhilfswerk. Dabei spielt es keine Rolle, ob die Zwiebel roh oder gekocht verspeist wird. Hunde und Katzen sollten daher auf keinen Fall mit zwiebelhaltigen Speiseresten gefüttert werden.

Kartoffelzucht im Blumentopf –
Neues Leben aus schrumpligen Knollen

Vielleicht haben Sie im Keller ja ein paar schrumplige Kartoffeln, die schon begonnen haben zu keimen. Für leckere Bratkartoffeln sind sie schon zu alt – für unser Experiment aber genau richtig. Sie können damit Ihrem Kind zeigen, wie Bauern Kartoffeln vermehren und anbauen.

Das Material
– zwei keimende Kartoffeln
– zwei Blumentöpfe mit Erde

Das Experiment
Die Kartoffeln sollten vor dem Experiment im Dunkeln gelegen haben, so dass ihre Keime noch bleich sind. Zerschneiden Sie die Kartoffel in circa vier mal vier Zentimeter große Stücke. Achten Sie darauf, dass in jedem Stück jeweils ein keimendes Auge im Mittelpunkt liegt. Um sicher zu gehen, dass das Experiment gelingt, können Sie diesmal einen doppelten Versuchsansatz machen. Nehmen Sie Stücke mit langen und mit kurzen Keimen. In jeden Blumentopf kann Ihr Kind zwei Kartoffelstücke stecken, mit dem Keim nach oben. Die Oberseite der Kartoffel nicht mit Erde bedecken. Dann stellen Sie die Blumentöpfe ans Fenster und halten sie feucht.

Bereits nach wenigen Tagen werden die Keime grün und man kann die ersten Ansätze von Blättern erkennen. Nach einer Woche beginnen Blätter zu wachsen. Ungefähr zwei Wochen nachdem die Kartoffeln eingepflanzt wurden, hat sich schon ein grüner Spross mit Blättern entwickelt. Auch Wurzeln sind gewachsen. Im Sommer können Sie die Kartoffel jetzt draußen in einen großen Blumentopf oder auch direkt in den Garten pflanzen. Wenn Sie noch Kleinkinder haben, sollten Sie allerdings etwas vorsichtig sein: Alle grünen Teile der Kartoffelpflanze enthalten das giftige Solanin – besonders die grünen Beeren, die später am Kartoffelbusch wachsen.

Was steckt dahinter?

Die Kartoffelpflanze bildet die Kartoffelknollen im Herbst als Speicherorgan für die Überwinterung. Wenn der Mensch nicht eingreift, bleibt die Knolle über den Winter im Boden und treibt im Frühjahr aus, um eine neue Pflanze zu bilden. Genau diesen Vorgang haben wir im Blumentopf nachgemacht.

Auch beim Kartoffelanbau nutzt man die Keimfähigkeit der Knollen. Im Frühjahr steckt der Bauer Kartoffelknollen in die Erde. Sie treiben aus, wachsen zu Pflanzen heran, blühen und bilden Beeren. Unter der Erde beginnt die Kartoffelpflanze für die Überwinterung vorzusorgen. Dazu bildet der Spross unterirdische Ausläufer, deren Enden sich zu Knollen verdicken. Wenn die krautigen Teile der Pflanze welk sind, ist Zeit für die Ernte. Mit der Grabgabel oder Maschinen werden die Knollen aus der Erde geholt.

Und sonst?

Diesen Versuch können Sie auch mit Karotten machen. Dazu wird von der Karotte oben ein zwei bis drei Zentimeter breites Stück abgeschnitten und in einen Blumentopf mit Erde gesteckt. Der obere Teil der Karotte sollte oben sein und nicht mit Erde bedeckt werden. Nach einigen Tagen beginnt das erste Grün zu sprießen, das zu einem kräftigen Büschel heranwächst.

Was Weiden kopfüber treiben –
So bringt man Stecklinge aus dem Konzept

Weiden lassen sich hervorragend durch Stecklinge vermehren. Im Frühling werden dafür unbelaubte Äste abgeschnitten und einfach in den Boden gesteckt. Die Aststücke bewurzeln sich und treiben aus. Normalerweise werden die Stecklinge natürlich mit der Spitze nach oben in die Erde eingesetzt. Was passiert aber, wenn man den Steckling kopfüber in Wasser stellt? Wo bildet er dann die Wurzeln?

Das Material

– einige Weidenzweige,
– vier mindestens 20 Zentimeter hohe Konservengläser
  oder Blumenvasen aus Glas

Das Experiment

Die Weidenzweige können Sie am besten bei einem Familien-Frühlingsspaziergang entlang eines Flusses schneiden. Wichtig ist, dass die Zweige noch keine Blätter haben. Zu Hause teilen Sie die Zweige dann in 20 bis 30 Zentimeter lange Stücke. Das Experiment funktioniert nicht nur mit den Spitzen der Zweige, sondern auch mit den mittleren Abschnitten.

Den Versuch kann Ihr Kind fast alleine ansetzen. Zwei der Gläser oder Vasen füllt es zur Hälfte mit Wasser. Die anderen beiden werden bis oben voll gemacht. Nun werden die Weidenzweige in die Gläser verteilt. In ein halbvolles und in ein volles Glas wird jeweils ein Weidenzweig richtig herum hineingestellt. In die restlichen beiden Gläser stellt ihr Kind jeweils einen Weidenzweig kopfüber. Alle vier Gläser bekommen dann einen Platz am Fenster.

Nach rund einer Woche bilden sich die ersten Triebe und kleinen Wurzeln. Zwei Wochen nach Versuchsbeginn sind die Wurzeln und Sprosse schon deutlich gewachsen. Aber sehen alle Zweige gleich aus?

Was steckt dahinter?

Die mit der Spitze nach oben im Wasser stehenden Stecklinge haben unten Wurzeln und oben hellgrüne Sprosse gebildet. So ist es richtig und üblich. Die kopfüber austreibenden Stecklinge sind allerdings etwas durcheinander gekommen. Besonders deutlich ist das an dem Zweig, der bis oben mit Wasser bedeckt war. An den Vegetationspunkten hat er gleichzeitig Wurzeln und Sprosse gebildet. Wo oben und unten ist, hat er aber trotz seiner ungewohnten Lage richtig wahrgenommen. Die Wurzeln zeigen seitlich nach unten. Die grünen Triebe wachsen „um die Kurve" nach oben.

Warum Sprosse immer nach oben und Wurzeln immer nach unten wachsen, steht in der Beschreibung der Versuche „Immer schön aufrecht bleiben" (Seite 24) und „Wer in der Bohne wohnt" (Seite 58).

Ein Ableger für mein Zimmer –
Pflanzenvermehrung schnell und einfach

Ein Pflänzchen, das man selbst aufziehen und für das man alleine sorgen darf – von dieser Idee sind Kinder gleich begeistert. Dabei lernen sie im Kleinen, was es heißt, für ein anderes Lebewesen Verantwortung zu übernehmen – auch wenn es nur eine Buntnessel oder Grünlinie ist. Besonders viel Spaß haben Kinder, wenn sie sich von der Zimmerpflanze im Wohnzimmer ein „Kind" in ihr Zimmer nehmen dürfen. Die Vermehrung mit Stecklingen ist dafür eine ideale Methode.

Das Material
– eine Zimmerpflanze, die für die Stecklingsvermehrung geeignet ist
– ein Marmeladenglas
– ein Blumentopf mit Erde

Das Experiment
Viele Zimmerpflanzen lassen sich gut mit Stecklingen vermehren. Besonders geeignet sind Buntnessel, Ficus, Efeu, Begonien und das Fleißige Lieschen. Wenn Ihr Kind sich einen Trieb der Mutterpflanze ausgesucht hat, darf es ihn abschneiden und in einem Glas Wasser ans Fenster stellen. Das Wasser braucht nicht, wie bei Schnittblumen üblich, regelmäßig gewechselt zu werden. Je nach Art der Pflanze dauert es Tage oder Wochen, bis sich der Trieb bewurzelt hat.

Etwas anders funktioniert die vegetative Vermehrung der Yucca. Man nimmt einen kräftigen Trieb, entfernt die Blätter und schneidet den Stamm in rund 20 Zentimeter lange Stücke. Diese stellt man zum Bewurzeln einfach in ein Glas mit Leitungswasser. Die neuen Triebe bilden sich an den Seiten des Stammes.

Besonders einfach macht es uns die Grünlilie, die übrigens genauso wie die Yucca zur Familie der Agavengewächse gehört. Sie bildet an langen Ausläufertrieben kleine Pflänzchen

– die Kindel – die sich zum Teil sogar schon in der Luft bewurzeln. Die Kindel entwickeln in einem Wasserglas schnell
weitere Wurzeln.

Sobald die Stecklinge oder Ableger genügend Wurzeln haben, können sie in einen Blumentopf mit Erde eingepflanzt
und in die Obhut des jungen Zimmergärtners übergeben werden.

Was steckt dahinter?

Neben der Vermehrung durch Samen haben sich viele Pflanzenarten noch eine weitere Form der Ausbreitung erschlossen:
die vegetative Vermehrung. Die verschiedenen Pflanzen haben
dabei die unterschiedlichsten Strategien entwickelt. So sind
zum Beispiel die Erdbeeren in der Lage, meterlange Ausläufer
zu bilden, an denen neue Erdbeerpflanzen heranwachsen. Die
Fähigkeit zur vegetativen Vermehrung macht man sich vor allem im Gartenbau zunutze, um Pflanzen schnell und kosten-
günstig zu vermehren.

Frische Veilchen aus alten Blättern –
Überlebensstrategie mit Seltenheitswert

Man möchte es kaum glauben, aber es funktioniert. Aus ein paar alten, verrottenden Blättern kann das Usambaraveilchen frische, kleine Pflänzchen regenerieren. Ein Versuch für Fortgeschrittene, die auch einmal etwas länger auf den Erfolg warten können.

Das Material
– ein Usambaraveilchen mit vielen kräftigen Blättern
– ein kleines Zimmergewächshaus
– Blumenerde
– kleine Kieselsteine, Stecknadeln
– Geduld

Das Experiment
Für dieses Experiment brauchen Sie ein Mini-Gewächshaus aus Plastik – rund 40 mal 30 Zentimeter – das es im Bau- oder Gartenmarkt für ein paar Euro gibt. Füllen Sie die Schale des Gewächshauses mit Blumenerde. Von einem Usambaraveilchen schneiden Sie rund ein Dutzend kräftige Blätter ab und legen sie auf ein Schneidebrett. Mit einem spitzen Messer werden auf dem Blatt hinter den Verzweigungen der Blattadern einige Schnitte gemacht. Dann legen Sie die Blätter mit der Rückseite nach unten auf die Erde und drücken sie gut an. Damit der Versuch gelingt, ist es wichtig, dass die Blätter möglichst eng mit dem Boden verbunden sind. Sie können sie mit Drahtschlingen oder Stecknadeln fixieren und mit kleinen Kieselsteinen beschweren. Wenn alles gut sitzt, wird vorsichtig angegossen und der Deckel aufgesetzt. Jetzt heißt es Geduld zeigen und einmal pro Woche die Feuchtigkeit und das Wachstum kontrollieren.

Bei uns hat es gut sechs Wochen gedauert, bis die ersten winzigen frischen Blättchen am verrottenden „Mutterblatt" zu sehen waren. Nach drei Monaten waren an fünf der zehn ausgelegten Blätter bereits kleine Pflänzchen entstanden. Die Blätter, an denen sich keine „Kinder" entwickelt haben, sind verschwunden. Sie wurden von den Mikroorganismen im Boden abgebaut. Nach weiteren ein bis zwei Monaten sind die kleinen Veilchen bereit zum Eintopfen.

Was steckt dahinter?

Die Usambaraveilchen gehören zu den ganz wenigen Pflanzen, die aus herabgefallenen, alten Blättern neue Pflanzen regenerieren können. Biologen nennen das eine Vermehrung über Adventivknospen. Außer dem Usambaraveilchen können das noch einige Begonienarten und das Wiesenschaumkraut, das auf vielen Wiesen wächst.

An den mit Steinen bedeckten Blättern des Usambaraveilchens bilden sich kleine Tochterpflanzen.

Grüne Chemiefabriken –
Bis unter die Blüten bewaffnet

Leuchtende Blütenfarben, betörende Düfte, tödliche Gifte: als Chemiefabrik sind Pflanzen unübertroffen. Über 200 000 verschiedene pflanzliche Naturstoffe sind mittlerweile bekannt. Sie haben ganz unterschiedliche Funktionen im Leben der Pflanzen. Blütenfarben und Düfte locken Insekten an. Pflanzenhormone steuern das Wachstum. Giftstoffe schützen vor Fressfeinden wie Viren, Bakterien, Pilzen oder Tieren.

Wissenschaftler haben weltweit rund 17 000 unterschiedliche Toxine aus Pflanzen isoliert. Manche sind für den Menschen giftig. Andere können als Heilmittel wirken – vorausgesetzt, sie werden in der richtigen Dosierung eingesetzt. Die Menschen wussten schon früh, welche Pflanzen schmerzstillend, entzündungshemmend, berauschend oder giftig sind. Forscher vermuten, dass die Pharmakologie sogar älter ist als die Landwirtschaft.

Nicht immer haben die Pflanzen Erfolg mit ihrer giftigen Verteidigungsstrategie. Manch einer der Fressfeinde hat sich auf das Gift eingestellt und Mechanismen entwickelt, mit denen er es in seinem Körper unschädlich machen kann. Noch raffinierter sind einige Schmetterlingsarten, wie zum Beispiel der in Amerika vorkommende Monarchfalter. Seine Raupen fressen Pflanzen, in denen ein starkes Herzgift enthalten ist. Das Gift reichert sich im Körper der Raupen an und wird bei der Verpuppung an den Schmetterling weitergegeben. Er wird damit für seine Fressfeinde, vor allem Vögel, giftig und ungenießbar.

Die Schutzmechanismen der Pflanzen erschöpfen sich aber nicht in der Produktion chemischer Stoffe. Sie haben auch vielfältige mechanische Abwehrstrategien entwickelt, wie Dornen, Stacheln oder extrem fein strukturierte Wachsoberflächen, die sie vor Schmutz und dem Bewuchs mit Algen, Bakterien und Pilzen bewahren.

© Springer-Verlag GmbH Deutschland, ein Teil von Springer Nature 2019
C. Broll, *Warum Blumen bunt sind und Wasserläufer nicht ertrinken*,
https://doi.org/10.1007/978-3-662-59504-6_7

Farbenspiel mit blauen Blüten –
Wie Essig und Backpulver
die Blütenfarbe verändern können

Wetten wir, dass ich ein blaues Vergissmeinnicht in fünf Minuten in ein rosa Vergissmeinnicht verwandeln kann? Mit dieser Wette können Sie sicher jedes Kind aus der Reserve locken. Das Experiment ist einfach und verblüffend und eignet sich daher hervorragend für kleine Vorführungen – zum Beispiel beim Experimentiernachmittag am Kindergeburtstag.

Das Material
– blaue Blüten, von jeder Art mindestens zwei Stück,
– zum Beispiel Primeln, Vergissmeinnicht, Lobelien,
  Traubenhyanzinten oder Günsel
– zwei kleine Kompottschüsseln
– farbloser Essig
– ein Teelöffel Backpulver

Das Experiment
Füllen Sie eine der kleinen Schüsseln mit rund 50 Millilitern Essig. In die andere geben Sie einen Teelöffel Backpulver, füllen mit rund 50 Millilitern lauwarmen Wasser auf und rühren gut um. Nun legen Sie eine blaue Blüte in den Essig und legen die andere als Vergleich daneben.

Je nach Art der Pflanze verfärbt sich die Blüte unterschiedlich schnell von blau nach rotviolett und rosa. Wir haben den Versuch mit den verschiedensten blauen Blüten ausprobiert. Am besten geht es mit Vergissmeinnicht und Günsel. Bei den beiden kann man genau zuschauen, wie sich die hellblaue Blütenfarbe in ein helles Rosa verwandelt. Den Günsel mit seinen kerzenartigen Blütenständen und den kleinen lila Blüten finden Sie auf blühenden Wiesen und auch oft als „Unkraut" im Rasen. Aber auch bei dunkelblauen Primeln, Traubenhyazinten und Lobelien funktioniert das Experiment. Mit

Tulpen hatten wir keinen Erfolg, da die dicke Wachsschicht auf den Blütenblättern verhindert, dass der Essig an den Farbstoff in den Zellen gelangt.

Wenn Sie und Ihr Kind meinen, dass die Blüte jetzt rosa genug ist, färben Sie sie wieder um. Dazu muss sie gründlich unter fließendem Wasser abgespült werden, bevor sie in die Schüssel mit der Backpulverlösung gelegt wird. Hier dauert es etwas länger, bis sich die Farbe verändert. Je kürzer die Blüte im Essig lag, umso schneller nimmt sie in der Backpulverlösung wieder ihre ursprüngliche Farbe an. Nach einigen Anläufen finden Sie die optimalen Versuchsbedingungen.

Was steckt dahinter?

Die blauen Blüten enthalten als Farbstoff Anthocyan. Dieser Farbstoff ändert seine Farbe, je nachdem, in welchem Milieu er sich befindet. Im sauren Bereich, wie zum Beispiel im Essig, ist er rot. Im basischen Medium – bei uns ist es die Backpulverlösung – nimmt er eine blaue Farbe an.

Anthocyan ist bei Pflanzen ein häufiger Farbstoff. Viele rosa Blüten verdanken ihre Farbe ebenfalls dem Anthocyan. Sie lassen sich allerdings mit haushaltsüblichen Chemikalien nur schwer umfärben.

Mit dem Farbumschlag des Anthocyans können sie auch beim nächsten Blaukrautessen experimentieren. Aus dem etwas faden Blaukraut wird durch einige Spritzer Zitronensaft appetitlich gefärbter Rotkohl.

Wie Tomatensaft auf Kressesamen wirkt –
und was Bittermandeln damit zu tun haben

Um sich optimal vermehren zu können, haben Pflanzen im Lauf der Evolution äußerst raffinierte Mechanismen entwickelt. Einen davon können wir ganz bequem zu Hause untersuchen – mit Kressesamen und Tomaten.

Das Material
– zwei Blumentopfuntersetzer
– Watte
– eine Tomate
– Kressesamen

Das Experiment
Zuerst kann ihr Kind beide Blumentopfuntersetzer mit Watte auslegen und mit Wasser anfeuchten. Dann halbieren Sie die Tomate, lösen aus einer Hälfte mit einem Löffel das Fruchtfleisch heraus und zerdrücken es auf einem Teller mit einer Gabel zu Brei. Der Tomatenbrei wird auf die Watte eines Untersetzers gestrichen und mit der Hand etwas eingerieben. Die Tomatenschicht sollte nicht zu dick sein. Wichtig ist, dass die Watte gut mit dem Tomatensaft getränkt ist. Auf den anderen Untersetzer kommen keine Tomaten. Er dient als Kontrolle. Dann kann Ihr Kind auf beiden Untersetzern die Kresse aussäen – es sollten auf beiden ungefähr gleich viele Samen sein. Nun werden die Untersetzer ans Licht gestellt und regelmäßig feucht gehalten.

Bereits nach wenigen Tagen sieht man erste Unterschiede bei der Keimung in den beiden Untersetzern. Nach fünf bis sechs Tagen ist das Ergebnis deutlich: Ohne Tomaten ist die Kresse gut gekeimt und gewachsen. Im Ansatz mit dem Tomatenbrei sind wesentlich weniger Samen gekeimt und es haben sich kaum Pflänzchen entwickelt.

Was steckt dahinter?

Offensichtlich ist, dass in der Tomate ein Stoff enthalten ist, der die Keimung der Kresse hemmt. Aber warum? Lassen Sie Ihr Kind überlegen und raten. Vielleicht hilft es ihm, wenn Sie es darauf aufmerksam machen, dass die Kerne in der Tomate auch Samen sind.

Die Antwort ist eigentlich ganz einfach und logisch – wenn man einmal darauf gekommen ist: Die keimungshemmenden Stoffe verhindern, dass die Samen bereits innerhalb der Frucht zu keimen beginnen. In der Tomate wird die Keimung durch das Pflanzenhormon Abscisinsäure verhindert. Dieser Hemmstoff wirkt auch auf die Samen anderer Pflanzen, wie zum Beispiel auf die Kresse. Um dieses Phänomen zu untersuchen, haben Wissenschaftler Tomaten gezüchtet, die keine Abscisinsäure produzieren können. Bei diesen Tomaten keimen die Samen bereits in der reifen Frucht.

Auch im Fruchtfleisch von Birnen und Äpfeln sind Hemmstoffe enthalten. Unser Experiment funktioniert daher ebenfalls mit frischem Birnen- oder Apfelpresssaft. Die Hemmstoffe im Fruchtfleisch sind nicht gesundheitsschädlich.

Und sonst?

Steinobst, wie Pfirsich, Aprikosen oder Zwetschgen, bildet im Stein ebenfalls eine Keimungsbremse: die hochgiftige Blausäure. Um ihr Kind vor möglichen Vergiftungen zu schützen, untersuchen Sie am besten gemeinsam einen Pfirsichstein. Häufig fallen die Steine von selbst auseinander. Wenn nicht, können Sie mit einem Nussknacker nachhelfen. In dem Stein befindet sich ein mandelförmiger Kern – der Same. Dieser kann mehr oder weniger viel Blausäure oder eine Vorstufe davon enthalten.

Um zu verstehen, welche die Rolle die Blausäure spielt, muss man schauen, wie die Keimung einer Steinfrucht in der Natur abläuft. Nachdem das Fruchtfleisch gefressen worden ist, fällt der Stein auf den Boden. Sobald er mit Feuchtigkeit in Berührung kommt, beginnt der darin enthaltene Samen zu quellen. Wenn der Same jetzt keimen würde, hätte er aber keine Überlebenschancen, da er noch im verholzten Stein eingeschlossen ist. Daher wird während des Quellens im Samen aus einer Vorstufe (Amygdalin) die giftige Blausäure gebildet, die die Keimung unterdrückt. Erst wenn die harte Steinhülle verrottet ist und der Same freiliegt, entweicht auch die Blausäure. Der Same kann beginnen zu keimen.

Besonders hohe Konzentrationen der Blausäure-Vorstufe sind in den Bittermandeln enthalten – den Samen des Bittermandelbaums, der mit dem Steinobst verwandt ist.

Warum Äpfel braun werden –
und Seeleute im Mittelalter hinkten

Vitamin C ist gesund. Das weiß jedes Kind. Aber warum brauchen wir es eigentlich? Welche Funktionen hat es im Körper? Natürlich können wir keine biochemische oder medizinische Untersuchung machen, um diese Frage zu beantworten. Mit Hilfe eines einfachen Experiments können wir aber sehen, wie wirkungsvoll das Vitamin C ist, wenn es darum geht, unseren Körper vor Schädigungen zu schützen.

Das Material
– ein Apfel
– eine halbe Zitrone
– farbloser Essig
– eine Küchenreibe
– drei kleine Kompottschalen

Das Experiment
Eine halbe Zitrone auspressen. Den Apfel schälen, vom Kerngehäuse befreien und fein reiben. Ihr Kind kann den Apfelbrei gleichmäßig auf die drei Schälchen verteilen. In einem Schälchen den Brei sofort mit dem Zitronensaft gut verrühren. In das zweite Schälchen zwei Esslöffel Essig geben und ebenfalls gut durchmischen. Die dritte Portion Apfelbrei bleibt ohne Zusätze.

Was steckt dahinter?
Der unbehandelte und der mit Essig vermischte Apfelbrei sind braun geworden. Bei ihnen haben die im Apfel enthaltenen Phenole mit dem Sauerstoff der Luft reagiert – sie sind oxidiert und haben dadurch die Braunfärbung verursacht. Der geriebene Apfel, der mit Zitronensaft vermischt wurde, sieht dagegen noch frisch aus. Das im Zitronensaft enthaltene Vitamin C hat hier die Oxidation verhindert.

Dass die Schutzwirkung durch das Vitamin C und nicht durch die Säure bewirkt wird, zeigt der Versuch mit dem Essig, da dort der Apfel trotzdem braun geworden ist.

Auch im menschlichen Organismus entfaltet das Vitamin C seine antioxidative Wirkung und schützt daher die Zellen vor schädlichen Oxidationen und freien Radikalen. Freie Radikale sind aggressive und sehr reaktionsfreudige Substanzen, die durch körpereigene Stoffwechselprozesse entstehen oder im Organismus durch Umweltgifte gebildet werden. Die freien Radikale können die Zellwände, das Erbgut und wichtige Eiweißverbindungen schädigen. Um diese freien Radikale aufzufangen und zu vernichten, verfügt unser Körper über verschiedene Schutzsysteme. Im wässrigen Milieu des Körpers ist das Vitamin C der wichtigste Radikalfänger.

Und sonst?

Nach so viel Theorie nun eine wahre Geschichte aus dem Piratenleben. Die Seefahrer des Mittelalters waren keine kühnen Helden, sondern eher armselige Gestalten. Nach einigen Monaten auf See bekamen sie Skorbut und litten an Zahnfleischbluten, geschwollenen Gelenken und Knochenschmerzen, offenen Wunden, die so schlimm waren, dass viele Matrosen hinkten. Warum die Seeleute diese merkwürdige Krankheit bekamen, konnte sich niemand so recht erklären – bis der britische Schiffsarzt James Lind 1747 einen bahnbrechenden Versuch machte, übrigens eines der ersten wissenschaftlichen Experimente der Medizingeschichte.

Lind vermutete, dass der Skorbut durch einen Mangel an Säuren verursacht wird. Daher behandelte er zwölf skorbutkranke Matrosen mit unterschiedlichen Säuren, wie Apfelwein, Schwefelsäure, Essig und Orangen. Schon nach wenigen Tagen erholten sich die mit Orangen behandelten Seeleute. In den Orangen war offensichtlich ein Stoff enthalten, der Skorbut heilen kann. Lind veröffentlichte seinen Befund. Es vergingen aber noch einige Jahrzehnte, bis die Seeleute regelmäßig Vitamin-C-haltige Nahrung, wie Sauerkraut oder Zitrusfrüchte, zur Vorbeugung gegen Skorbut bekamen.

Der chemische Name des Vitamin C ist Ascorbinsäure – „Anti-Skorbut-Säure". Heute weiß man genau, warum der Mangel an Vitamin C zu den Skorbut-Symptomen führt. Ohne Vitamin C ist die körpereigene Produktion des Bindegewebsproteins Kollagen gestört. Da Kollagen wichtiger Bestandteil von Knochen, Zähnen, Knorpeln und der Haut ist, sind diese Körperteile auch besonders vom Vitamin-C-Mangel betroffen. Darüber hinaus ist die Ascorbinsäure noch an vielen weiteren biochemischen Reaktionen im Stoffwechsel beteiligt. Zum Schutz vor Vitamin-C-Mangelerscheinungen empfiehlt die Deutsche Gesellschaft für Ernährung für Erwachsene eine tägliche Zufuhr von 100 Milligramm Ascorbinsäure.

Skorbut ist aber keinesfalls nur eine Krankheit der mittelalterlichen Seefahrer. Im 20. Jahrhundert litten die Menschen im Ersten und Zweiten Weltkrieg massenhaft an dieser Mangelerkrankung. Als häufige Begleiterscheinung der Unterernährung ist der Skorbut auch heute noch weltweit verbreitet – besonders in Entwicklungsländern. In den Industrienationen ist er sehr selten geworden, da hier Obst und Gemüse das ganze Jahr über erhältlich sind.

Was Pflanzen schützt, hilft auch dem Menschen – Wie wirksam sind natürliche Antibiotika?

Meerrettich und Teebaumöl sind Hausmittel, die bei verschiedenen kleinen Infektionen angewandt werden. Wie wirkungsvoll diese beiden natürlichen Antibiotika sind, kann man mit Hilfe eines Würfels Hefe untersuchen – die ungefährliche Bäckerhefe dient dabei als Modell für Pilze und Bakterien, die Krankheiten verursachen können. Der Versuch, bei dem genauso gearbeitet wird wie im mikrobiologischen Labor, ist etwas anspruchsvoll. Trotzdem können Kinder mitmachen und auch verstehen, was passiert.

Das Material
– ein Würfel Hefe
– Zucker
– ein halber Teelöffel geriebener, reiner Meerrettich aus dem Glas
– zehn Tropfen Teebaumöl
– vier Saftgläser
– nicht wasserlöslicher Filzstift

Das Experiment
Bei dem Experiment wird parallel in vier Versuchsansätzen beobachtet, wie die Hefe alleine und bei Zugabe der natürlichen Antibiotika wächst.

Glas 1: nur Hefe
Glas 2: Hefe und Zucker
Glas 3: Hefe und Zucker und Meerrettich
Glas 4: Hefe und Zucker und Teebaumöl

Die Gläser werden nebeneinander auf den Tisch gestellt und mit den Ziffern 1 bis 4 beschriftet. In die Gläser 2, 3 und 4 kann ihr Kind jeweils einen Teelöffel Zucker geben. In Glas 3 gibt es zusätzlich einen halben Teelöffel Meerrettich. In Glas 4 kommen zehn Tropfen Teebaumöl.

In jedes Glas wird ein Viertel des Hefewürfels gegeben und dabei möglichst fein zerkrümelt. Füllen Sie dann einen Messbecher mit lauwarmem, maximal 35 Grad warmem Wasser, und gießen Sie in jedes Glas rund 100 Milliliter davon. Alle Gläser werden umgerührt, bis sich die Hefe gelöst hat. Verwenden Sie bitte für jedes Glas einen frischen Löffel, damit das Ergebnis nicht durch Verschleppungen verfälscht wird.

Die Gläser werden mit Alufolie abgedeckt und ins Warme gestellt – im Winter am besten an die Heizung. Nach rund einer halben Stunde hat sich auf manchen Gläsern eine Schaumkrone gebildet, auf anderen nicht. Genau wie im Labor können Sie mit Ihrem Kind protokollieren, was Sie in die einzelnen Gläser hineingefüllt hatten und wie dick die Schaumkrone jetzt ist. Anhand des Ergebnisses können Sie gemeinsam überlegen, was dahinterstecken könnte.

Was steckt dahinter?

Die Bäckerhefe ist ein einzelliger Pilz, der Zucker zu Alkohol und Kohlendioxid vergärt. Das Kohlendioxid, das beim Wachstum entsteht, ist für die Bildung des Schaums verantwortlich. Das heißt: Je mehr Schaum im Glas ist, desto besser ist die Hefe gewachsen. Jetzt betrachten wir die Gläser nacheinander:

Glas 1: keine Schaumbildung. Die Hefe ist nicht gewachsen, da sie keinen Zucker als Nährstoff hatte.

Glas 2: viel Schaum. Die Hefe ist gut gewachsen, dank Zucker und Wärme.

Glas 3: leichte Schaumbildung. Trotz Zucker konnte die Hefe nicht optimal wachsen. Im Meerrettich muss ein Stoff vorhanden sein, der das Wachstum stört.

Glas 4: keine Schaumbildung. Das Teebaumöl hemmt das Wachstum der Hefe.

Beim Vergleich der Gläser 1 und 2 wird deutlich, dass die Hefe nur wächst, wenn in dem Glas Zucker enthalten ist. Daraus kann man schließen, dass Zucker für das Wachstum der Hefe unbedingt notwendig ist.

In den Gläsern 3 und 4 ist die Hefe nicht gut oder gar nicht gewachsen – obwohl Zucker zur Verfügung stand. Daraus folgert der Wissenschaftler, dass im Meerrettich und im Teebaumöl Stoffe enthalten sind, die das Wachstum von Hefepilzen hemmen.

Die antibiotische Wirkung des Meerrettichs beruht auf dem Gehalt an Senfölen, die die Wurzel bildet, um sich selbst vor Fäulnis erregenden Pilzen und Bakterien zu schützen. In der Volksmedizin wird Meerrettich schon lange gegen Erkältungen eingesetzt. Beginnende Halsentzündungen lassen sich einfach bekämpfen, indem man mehrmals täglich einen Teelöffel Meerrettich im Mund zergehen lässt. Wissenschaftliche Studien haben gezeigt, dass die natürlichen Antibiotika aus dem Meerrettich auch gut verträglich sind. Im Gegensatz zu künstlichen Antibiotika schädigen sie nicht die Darmflora und führen auch nicht zur Resistenzbildung.

Teebaumöl wird aus den Blättern des australischen Teebaums gewonnen, der aber nicht mit dem Teestrauch verwandt ist, aus dem der schwarze Tee hergestellt wird. In vielen wissenschaftlichen Versuchen wurde die Wirkung des Teebaumöls gegen Viren, Bakterien und Pilze nachgewiesen und die antibiotisch aktive Substanz identifiziert. Empfehlenswert ist das Teebaumöl zur lokalen Behandlung kleiner Hauterkrankungen, wie Fußpilz oder Pilzbefall im Mundbereich. Wichtig ist, dass das Öl möglichst frisch ist und kühl und dunkel gelagert wird. Altes Öl enthält oft Zersetzungsprodukte, die Allergien auslösen können.

Kohlblätter mit Selbstreinigung –
Der Lotuseffekt

Ein Auto, das man nie mehr waschen muss. Fensterscheiben, die sich bei Regen selber putzen: Oberflächen mit Selbstreinigungskraft könnten viel unnütze Arbeit sparen. In der Natur gibt es sie schon. Benannt wurde der Selbstreinigungseffekt nach der asiatischen Lotusblume. Aber auch unser heimischer Weißkohl hat Blätter mit Lotuseffekt.

Das Material
– ein Weißkohl
– ein Kopfsalat oder Endiviensalat
– Pinsel, Farbkasten, Wasserglas
– Paprikapulver
– Bleistift und Bleistiftspitzer

Das Experiment
Damit der Lotuseffekt gut zu sehen ist, sollte der Weißkohl möglichst frisch sein. Trennen Sie vom Kohlkopf und vom Salat jeweils ein bis zwei schöne, unbeschädigte Blätter ab. Am Anfang vergleichen Sie zuerst, wie sich Wassertropfen auf dem Kohl und auf dem Salat verhalten. Dazu taucht Ihr Kind den Pinsel in das Wasser und lässt langsam Tropfen auf die Blätter fallen. Noch besser sieht man den Effekt, wenn Ihr Kind das Wasser ganz leicht (!) mit roter Farbe aus dem Farbkasten anfärbt. Dann sind die zartroten Wassertropfen besser auf dem weißen Kohlblatt zu sehen.

Als nächstes wird die Selbstreinigungskraft des Kohls überprüft – zuerst einmal mit rotem Paprikapulver und dem Grafitstaub, der beim Anspitzen eines Bleistifts entsteht. Am besten geht es, wenn Ihr Kind für die Wassertropfen eine „Rutschbahn" schafft, indem es das Kohlblatt schräg hält. Streuen Sie ein wenig Paprikapulver auf das Blatt und lassen dann oberhalb davon einen Tropfen Wasser auf den Kohl fallen. Ihr Kind kann das Kohlblatt so bewegen, dass der Was-

sertropfen das Paprikapulver aufnimmt und mit nach unten
befördert. Zum Vergleich machen Sie den Versuch auf dem
Salat.

Nachdem ein Kind gemerkt hat, worauf es bei dem Versuch
ankommt, ist die Kreativität geweckt und es wird mit den unterschiedlichsten „Schmutzarten" experimentiert. Interessant
ist zum Beispiel auch das Verhalten von flüssigem Honig oder
lösemittelfreiem Bastelkleber.

Was steckt dahinter?

Dass Lotusblätter immer sauber bleiben, obwohl sie in schlam-
migen Tümpeln wachsen, ist in Asien seit alters her bekannt.
Worauf dieses Phänomen beruht, hat der Botaniker Dr. Wil-
helm Barthlott Mitte der 1970er Jahre an der Universität Bonn
entdeckt. Er untersuchte Blätter von Lotus und Kapuzinerkresse unter dem Raster-Elektronenmikroskop und sah, dass
die Blattoberfläche einer Miniatur-Stoppellandschaft gleicht.
Die unzähligen, winzigen Stoppeln bestehen aus Wachs.

Fällt ein Wassertropfen auf das Blatt, kann er sich nicht
auf der stoppeligen Oberfläche ausbreiten. Er rollt sich zusammen und kullert über das Blatt, ohne es zu benetzen.

Rollt der Tropfen über feine Schmutzpartikel, die auf dem
Blatt liegen, sieht man, wie die Partikel in den Tropfen aufgenommen werden und nicht wieder aus ihm herausgelangen
können. Die Haftung der Schmutzteilchen an der stoppeligen
Oberfläche ist so gering, dass sie mühelos vom Wasser weg-
gespült werden können.

Am perfektesten ausgebildet ist der Lotuseffekt an den
Blättern der Lotusblume. Aber auch viele andere Pflanzen haben dieses Wasser abstoßende Mikrorelief auf ihren Blättern –
dazu gehören Kohl, Schilf, Kapuzinerkresse, Akelei und Tulpe.
In der Evolution ist die selbstreinigende Oberfläche entstanden, um die Pflanzen vor einer Besiedlung mit krankmachen-
den Bakterien, Pilzen oder Algen zu schützen.

Auch bei Tieren haben sich Oberflächen mit Lotuseffekt
entwickelt. So sind zum Beispiel die Flügel von Schmetterlin-

gen und Libellen selbstreinigend, da die Tiere sie beim Putzen nicht mit ihren Beinen erreichen können.

Und sonst?

Seit der Entdeckung des mittlerweile patentierten Lotuseffekts arbeiten Wissenschaftler und Firmen daran, selbstreinigende Oberflächen mit einem wasserabweisenden Mikrorelief zu entwickeln. In einigen Bereichen, wie zum Beispiel bei Fassadenfarben, ist das bereits gelungen. Im Automobilbereich haben sich Oberflächen mit Lotuseffekt allerdings noch nicht durchgesetzt: Sie wären nämlich matt statt glänzend – das hatte bisher bei den Kunden keine Chance.

Urwaldkompass für den Ernstfall –
Büroklammer und Magnet als Lebensretter

Man kann nie früh genug mit einem praktischen Survival-Training beginnen. Sollten Sie oder Ihr Kind nach einem überlebten Flugzeugabsturz oder einer Einbaum-Exkursion im Urwald die Orientierung verlieren, werden Sie sich sicher an diesen Versuch erinnern. Das nötige Equipment haben Sie natürlich dabei – denn ab sofort gehen Sie nie mehr ohne Büroklammer und Magnet aus dem Haus.

Das Material
– Büroklammer aus Metall – es geht auch mit Nähnadel oder Nagel
– ein haushaltsüblicher Magnet, zum Beispiel von der Pinwand
– ein möglichst hartes, glänzendes Blatt von einer Zimmerpflanze wie Yucca oder Ficus oder von einem Laubbaum, wie zum Beispiel einer Buche
– eine große Schüssel mit Wasser
– Kompass, wenn vorhanden

Das Experiment
Vom Yuccablatt schneiden Sie ein rund fünf Zentimeter langes Stück ab, bei den anderen Pflanzen verwenden Sie das ganze Blatt. Ihr Kind kann die Büroklammer magnetisieren, indem es mit einem Magneten mehrmals in der gleichen Richtung entlang streicht. Dann legt man die Büroklammer auf das Blatt und lässt beides vorsichtig auf die Wasseroberfläche gleiten. Das Blatt wird sich leicht bewegen und dann langsam eine Ruheposition einnehmen. Sollte es am Rand der Schüssel hängen bleiben, kann ihr Kind ganz leicht (!) pusten, damit das Mini-Floß wieder in Bewegung kommt. Nach einer kurzen Zeit richtet sich die Büroklammer in Nord-Süd-Richtung aus. Zu Hause wissen Sie in der Regel, wo Norden ist. Ansonsten können Sie es mit dem Kompass nachprüfen.

Was steckt dahinter?

Die Magnetisierung mit einem haushaltsüblichen Magneten reicht bereits aus, damit sich Nagel, Nadel oder Büroklammer der Länge nach im Erdmagnetfeld ausrichten können. Eine wichtige Rolle bei der Funktion des Urwaldkompasses spielt das Blatt. Durch die wasserabweisende Wachsschicht lässt es sich auf der Wasseroberfläche sehr leicht bewegen. Die äußerst geringe Kraft, die das Erdmagnetfeld auf die Büroklammer ausübt, ist dadurch in der Lage, das Blatt in Nord-Süd-Richtung auszurichten.

Und sonst?

Im Ernstfall können Sie im Urwald ein beliebiges, von einer Wachsschicht überzogenes Blatt nehmen und auf das nächste Wasserloch legen. Falls keine Büroklammer zur Hand ist, geht jedes längliche, eisenhaltige Metall – notfalls auch die Haarklammer. Nur den Magneten dürfen Sie nicht zu Hause vergessen. Der Urwaldkompass zeigt Ihnen die Nord-Süd-Achse. Wenn Sie dann noch anhand des Laufs der Sonne bestimmen, wo Westen und Osten sind, können Sie sich hervorragend in der Wildnis orientieren.

Die Büroklammer richtet sich in der gleichen Richtung aus wie die Kompassnadel.

Nur scheinbar unscheinbar –
Das große Können der ganz Kleinen

Schnecken, Spinnen, Fruchtfliegen: Die Tiere, die ich für die Beobachtungen und kleinen Versuche auswählte, haben nicht gerade einen hohen Kuschelfaktor. Bei vielen Menschen fallen sie in die Kategorie „Ekeltiere". Schnecken werden im Garten als ungebetene Salatfresser bekämpft. Fruchtfliegen rückt man mit der Fliegenpatsche zu Leibe und Spinnen gehören zu den „Haustieren", vor denen man sich am meisten graust.

Da uns diese Tiere im Alltag oft über den Weg laufen oder fliegen, lohnt es sich aber, sie einmal genauer unter die Lupe zu nehmen – im wahrsten Sinne des Wortes. Denn mit der Lupe nimmt man die Tiere aus einer anderen Perspektive wahr – entdeckt die wunderschönen, roten Facettenaugen der Fruchtfliegen oder die feine Zeichnung und Behaarung der kleinen Spinne im Glasschüsselterrarium.

Schaut man noch genauer hin – zum Beispiel mit der Hochgeschwindigkeitskamera in einem Forschungsinstitut – sieht man, mit welcher Perfektion sich gerade die kleinen Tiere an ihren Lebensraum angepasst haben. So besitzen zum Beispiel die Wasserläufer spezielle Klauen, mit denen sie sogar einen Wasserberg erklimmen können.

Genau wie der Wasserläufer ist auch die Ente hervorragend für ein Leben auf dem Wasser ausgerüstet. Die zentrale „Schlüsseltechnologie" ist bei beiden der Einsatz extrem wasserabweisender Materialien für Behaarung und Federn sowie das ständige Einfetten, um jegliche Benetzung mit Wasser zu vermeiden.

Bei allen Beobachtungen und Versuchen mit diesen kleinen Tieren ist eines ganz besonders wichtig: Behalten Sie die Tiere bitte nur kurz in Ihrer Obhut und geben Sie Ihnen möglichst bald wieder ihre Freiheit.

© Springer-Verlag GmbH Deutschland, ein Teil von Springer Nature 2019
C. Broll, *Warum Blumen bunt sind und Wasserläufer nicht ertrinken*,
https://doi.org/10.1007/978-3-662-59504-6_8

Können Schnecken schmecken?
Die erstaunlichen Sinnesleistungen der Landschnecken

Von Gartenbesitzern werden Schnecken nicht gerade geschätzt und häufig mit Schneckenkorn oder sonstigen zum Teil recht rüden Methoden bekämpft. Betrachtet man Schnecken einmal nicht nur als Salat vertilgende Schädlinge, sondern mit den offenen Augen eines Kindes, entdeckt man, wie schön und hochentwickelt die kleinen Tiere sind.

Die Akteure
– eine Bänderschnecke oder Schnirkelschnecke
– ein Teller
– Zuckerlösung
– Süßstofflösung

Das Experiment
Auf Schneckensuche gehen wir am besten an einem regnerischen Sommertag im Garten oder im Park. Dann sind die Schnecken meist unterwegs und wir haben gute Chancen, kleine, Gehäuse tragende Schnecken zu finden. Wenn der Körper rund fünf Zentimeter lang und das Gehäuse zwei bis drei Zentimeter groß ist, handelt es sich wahrscheinlich um eine Bänderschnecke. Landläufig werden sie auch Schnirkelschnecken genannt.

Ob es nun wirklich eine Bänderschnecke ist oder nicht, ist eigentlich nicht so wichtig. Das Experiment funktioniert sicher auch mit anderen Landschnecken. Die großen Weinbergschnecken sollten wir allerdings nicht mitnehmen, da sie unter Naturschutz stehen. Zu Hause können die Schnecken einige Tage in einer Schüssel oder einem Gurkenglas gehalten werden. Als Unterlage bekommen sie Erde, in die man am besten gleich das Futter in Form eines Löwenzahns einpflanzt. Gerne gefressen wird natürlich Salat. Für die Abdeckung hat sich Frischhaltefolie mit Löchern bewährt.

Wenn Ihr Kind die Schnecke auf einen Teller setzt, schaut sie wahrscheinlich bald aus ihrem Haus heraus, so dass Sie sie genau beobachten können. An ihrem Kopf hat die Schnecke zwei Paar Fühler, die alle separat bewegt werden können. An der Spitze der beiden größeren Fühler befindet sich jeweils ein Auge, das als schwarzer Punkt erkennbar ist. Diese Augen haben den Landlungenschnecken auch zu ihrem wissenschaftlichen Namen verholfen. Sie heißen Stylommatophora – griechisch für „Stielaugenträger".

Erschreckt sich die Schnecke, kann das Auge in den Fühler eingefahren werden. Bei hellen Tieren, die ein leicht durchscheinendes Gewebe haben, können Sie mit der Lupe beobachten, wie das Auge eingezogen wird. Unter dem Mikroskop entpuppt sich das Auge als hochentwickeltes Linsenauge, mit dem die Schnecke höchstwahrscheinlich schwarz-weiß sehen kann. Die beiden kleinen Fühler dienen vor allem als Tastorgan.

Jetzt können Sie ausprobieren, ob Schnecken schmecken können. Dazu gibt ihr Kind vorsichtig einen Tropfen Zuckerlösung auf den Teller – am besten kurz vor den Kopf der Schnecke. Beobachten Sie genau, wie das Tier reagiert.

Nachdem die Schnecke eine kurze Pause hatte, tropfen Sie an eine andere Stelle des Tellers etwas Süßstofflösung und setzten das Tier davor. Was macht die Schnecke jetzt?

Alle Schnecken, mit denen wir den Versuch gemacht haben, reagierten auf die gleiche Weise: Sie krochen auf die Zuckerlösung zu, nahmen zum Teil etwas davon auf und gingen dann weiter. Beim Kontakt mit der Süßstofflösung zogen sie ihre Fühler ein, bäumten sich zum Teil vorne auf und wendeten sich ab. Sie machten den Eindruck, als ob ihnen der Süßstoff nicht ganz geheuer sei.

Wesentlich ausgeprägter ist die Reaktion auf einen Tropfen Zitronensaft. Das Tier zeigt deutlich seine Abneigung, bäumt sich auf oder zieht sich ein.

Was steckt dahinter?

Schnecken haben einen empfindlichen chemischen Sinn. Die Geruchs- und Geschmackszellen sitzen vor allem in den vier Fühlern und auf den Lippen. Genaue Gewebeuntersuchungen haben ergeben, dass der gesamte Körper von Weinbergschnecken mit Geruchs- und Geschmackssinneszellen besetzt ist. Allerdings sind sie am Körper nicht so dicht wie an den Fühlern und Lippen.

Und sonst?

Schnecken haben keine Zähne, sondern eine Raspelzunge, Radula genannt. Die Radula ähnelt im Prinzip der Miniaturausführung eines Schaufelbaggers: Ein elastisches Band, das mit mikroskopisch kleinen Zähnchen besetzt ist, wird über einen knorpeligen Kern geführt. Dabei raspeln die Zähnchen Nahrungspartikel ab und befördern sie in den Schlund der Schnecke. Wie effektiv diese Raspelzunge arbeiten kann, stellen besonders die Nacktschnecken unter Beweis, wenn sie sich über Salat und Gemüse hermachen.

Kleiner Schneckenzirkus –
Eine Vorstellung in zwei Akten

Obwohl Schnecken ständig ihr Haus Huckepack tragen, sind sie erstaunlich wendig. Sie können gut klettern und sogar kopfüber an einer Glasscheibe entlangkriechen. Einige ihrer Kunststücke zeigen uns die Schnecken ganz freiwillig.

Die Mitwirkenden
– eine oder mehrere Bänderschnecken
– eine breite Glasschüssel
– ein kleines Lineal

Die Vorstellung
Erster Akt – Kopfüber kriechen
Als Artisten sind Bänderschnecken am besten geeignet. Wie sie aussehen und wo Sie sie finden können, steht auf Seite 96. Im ersten Akt muss die Schnecke zeigen, wie sie kopfüber kriecht. Dazu kann Ihr Kind das Tier vorsichtig in eine flache Glasschüssel setzen. Wenn es die Schüssel dann mit der Öffnung nach unten auf den Tisch stellt, hängt die Schnecke mit dem Fuß nach oben am Glas. So lässt sich wunderbar beobachten, wie sie sich fortbewegt.

In dieser Position ist auch sehr gut der Mund zu sehen. Mit einer Lupe kann man sogar die Raspelzunge erkennen.

Zweiter Akt – Über ein Lineal klettern
Ihr Kind hält das Lineal so, dass es mit der Längsseite auf dem Tisch liegt und dabei hochkant aufgestellt ist. Jetzt betritt der kleine Akrobat die Manege. Setzen Sie ihn am besten nahe vor das Lineal, sodass er sich bemüßigt fühlt, das Hindernis zu überwinden. Jetzt schauen Sie ganz genau zu, wie die Schnecke an der senkrechten Fläche hochkriecht und mit viel Geschick auf der schmalen Kante des Lineals entlang balanciert. Richtig akrobatisch wird es, wenn die Schnecke beim Abstieg mit ihrem Haus senkrecht am Lineal hinunter kriecht.

Was steckt dahinter?

Wenn die Schnecke kopfüber in der Glasschüssel kriecht, erkennt man an der Fußsohle quer verlaufende Wellenbewegungen, die als dunkle Schatten von hinten nach vorne wandern. Sie entstehen, indem hinten ein Teil der Fußsohle von der Unterlage abgehoben und etwas weiter vorne wieder aufgesetzt wird. Nachdem die entstandene Querwelle die gesamte Länge der Fußsohle durchlaufen hat, hat sich die Schnecke eine kleine Strecke nach vorne bewegt.

Der Saum der Sohle bleibt aber immer in Kontakt mit dem Untergrund. Mit Hilfe des eng anliegenden Sohlensaums stellt die Schnecke an ihrem Fuß einen Unterdruck her. Daher bleibt sie – ähnlich wie ein Handtuchhalter mit Saugnapf – an der Glasscheibe hängen, ohne herunterzufallen. Den Unterdruck kann man deutlich spüren, wenn man (vorsichtig!) versucht, eine Schnecke von einer glatten Oberfläche abzulösen.

Auch wenn die Schnecke über das Lineal kriecht, hält sie sich mit dem Sohlensaum und dem Unterdruck fest. Bei dieser Übung erkennt man, wie viel Kraft in dem muskulösen Fuß steckt. Der Schneckenkörper außerhalb des Gehäuses besteht nur aus den Fußmuskeln und dem Kopf. Ihre empfindlichen inneren Organe wie Herz, Darm oder Niere trägt sie in ihrem Haus auf dem Rücken, wo sie bestens geschützt sind.

Und sonst?

Wenn Sie ein leeres Schneckenhaus finden, können Sie damit ein einfaches Experiment machen: Legen Sie es in farblosen Haushaltsessig und beobachten Sie was passiert. Je nachdem, von welcher Schneckenart das Gehäuse stammt, löst es sich unterschiedlich schnell auf. Der Grund: Schneckenhäuser bestehen vor allem aus Kalk. Mit Essigsäure reagiert der Kalk zu Wasser und Kohlendioxid. Daher sind am Schneckenhaus kleine Gasbläschen aus Kohlendioxid zu sehen.

Und sonst?

Und jetzt noch ein *„Und sonst?"* für die Großen. Es geht um das Liebesspiel der Schnecken – genau gesagt um den Liebespfeil, mit dem sich die gemächlichen Tiere in Stimmung bringen. Sowohl unsere Bänderschnecke als auch die Weinbergschnecken besitzen diese vierschneidige Kalknadel, die bei der Weinbergschnecke sieben bis elf Millimeter lang ist. Der Liebespfeil sitzt im Ruhezustand im so genannten Pfeilsack, der sich hinter dem Kopf befindet.

Ihr Liebesspiel beginnen die Schnecken, indem sie sich mit aneinander gelegten Fußsohlen aufrichten und sich gegenseitig mit Lippen und Fühlern betasten. Während dieses Vorspiels, das bis zu zwanzig Stunden dauern kann, kommt der Liebespfeil zum Einsatz. Eine der beiden Schnecken – die Tiere sind übrigens Zwitter – rammt dem Partner den Kalkpfeil in den Fuß, wodurch dieser noch aktiver wird. Später revanchiert er sich und sticht ebenfalls mit dem Liebespfeil zu. Mit dem Pfeil werden dem Partner auch Hormone injiziert, die später bei der Befruchtung eine Rolle spielen. Bei der eigentlichen Paarung befruchten sich die beiden Tiere gegenseitig, indem sie einander ein Samenpaket in die Geschlechtsöffnung schieben. Nach vier bis sechs Wochen legen beide Schnecken Eier in eine Erdgrube. Wenn die Jungschnecken schlüpfen, haben sie bereits ein kleines Schneckenhaus.

Verwandlung in der Puppe –
Das Leben der Fruchtfliege

Wenn sich die Fruchtfliegen im Spätsommer zu Dutzenden im Obstkorb einnisten, sind sie einfach nur lästig. Fassen Sie sich trotzdem ein Herz und lernen Sie gemeinsam mit Ihrem Kind die ungebetenen Gäste einmal näher kennen. Ihr Kind kann an den Fruchtfliegen die Entwicklung eines Insekts vom Ei über die Larve und die Puppe bis zur fertigen Fliege kennenlernen. Mit der Beobachtung der Fruchtfliege befinden Sie sich übrigens in bester Gesellschaft mit bekannten Biologen, von denen manche für ihre Arbeiten an der Fruchtfliege sogar schon den Nobelpreis bekamen.

Das Material
- ein großes Gurkenglas
- ein Stück dünner Baumwollstoff
  oder
  ein Stück einer alten Feinstrumpfhose
- Gummiring
- eine überreife Banane
- Lupe – am besten eine Becherlupe

Das Experiment
Diesen Versuch kann man nur im Spätsommer machen, wenn sich genügend Fruchtfliegen in der Küche eingefunden haben. Um die Tiere für den Versuch anzulocken, kann Ihr Kind die in Stücke geschnittene, überreife Banane in das Gurkenglas legen und beobachten, wie sich die Fliegen darauf sammeln. Sind mindestens zehn Tiere im Glas, wird der Stoff mit dem Gummiring über das Glas gespannt. Damit die Fliegen genügend Flüssigkeit haben, lassen Sie ganz vorsichtig durch den Stoff ein wenig Wasser in das Glas auf die Bana-

nen tropfen. Es sollte aber kein Wasser auf dem Boden des Glases stehen.

Um die Fruchtfliegen genauer betrachten zu können, fangen wir in der Küche noch einige und setzen sie in die Becherlupe oder in ein kleines verschließbares Glas, in dem wir sie bequem mit der Lupe anschauen können. Auffallend sind die schönen roten Facettenaugen der rund drei Millimeter großen Tiere. Weibchen und Männchen lassen sich sehr gut unterscheiden. Die Männchen haben einen schwarzen Hinterleib, bei den Weibchen ist er quer gestreift und am Ende etwas spitzer.

Die eingesperrten Fliegen werden sich eifrig paaren und bald legen die Weibchen Eier – jedes Tier rund 400 Stück. Aus den Eiern schlüpfen nach wenigen Tagen wurmartige, winzige Maden. Jetzt ist es Zeit, die erwachsenen Fliegen draußen freizulassen, so dass in dem Glas nur noch Eier und Maden sind. Wichtig ist, immer auf ausreichend Feuchtigkeit im Glas zu achten. Es sollte aber nie nass sein.

Die Maden wachsen weiter und häuten sich mehrmals. Nach fünf bis zehn Tagen verpuppen sich die Larven. Wie lange die einzelnen Stadien im Entwicklungszyklus dauern, ist von der Art der Fliege und der Temperatur abhängig. In der Regel sind es neun bis 14 Tage.

Die tönnchenförmigen Puppen bewegen sich nicht und können auch nicht fressen. Im Innern der unscheinbaren Puppen findet eine faszinierende Verwandlung statt. Der Körper der Made löst sich fast vollständig auf und dient als Grundstoff für den Aufbau des neuen Tiers. Aus vorgebildeten „Knospen" entstehen Flügel, Beine, Facettenaugen und alles, was ein Insekt zum Leben braucht. Sobald die Verwandlung abgeschlossen ist, reißt die Puppenhülle auf und die kleine Fliege schlüpft. Bald schwirrt es in dem Glas wieder von unzähligen Fliegen, denen Ihr Kind möglichst bald die Freiheit geben sollte.

Was steckt dahinter?

Die meisten Insekten, wie zum Beispiel Bienen, Käfer und Schmetterlinge entwickeln sich auf dieselbe Weise wie die Fruchtfliegen. Aus dem Ei schlüpft eine Larve, die bei den Fliegen eine unscheinbare Made ist. Schmetterlinge haben im Larvenstadium oft bunt gefärbte, schöne Raupen.

Die Verwandlung von der Larve zum flugfähigen Insekt – zur sogenannten Imago – geschieht während des Puppenstadiums. Besonders eindrucksvoll ist diese Metamorphose bei den Schmetterlingen, wo sich aus der leblos wirkenden, harten Puppenhülle die Imago mit farbenprächtigen Flügeln entfaltet.

Und sonst?

Biologisch betrachtet gehören die Fruchtfliegen zur Familie der Taufliegen. Ihr wissenschaftlicher Name lautet Drosophila melanogaster. Da die Fliegen sehr einfach und billig gezüchtet werden können, sind sie seit über hundert Jahren das „Haustier" der Genetiker. Durch Kreuzungsexperimente mit Drosophila wurden wichtige Erkenntnisse der klassischen und modernen Genetik gewonnen. Daneben untersuchten die Forscher an den Fliegen den Aufbau der Chromosomen und die Steuerung verschiedener Gene. Im Jahr 1995 erhielt die deutsche Wissenschaftlerin Christiane Nüsslein-Volhard für ihre entwicklungsbiologischen Arbeiten an Drosophila gemeinsam mit zwei US-amerikanischen Wissenschaftlern den Nobelpreis für Medizin.

Im Rahmen eines groß angelegten Projekts wurde die gesamte genetische Information von Drosophila melanogaster entschlüsselt. Es wurden insgesamt 13.600 verschiedene Gene gefunden, von denen viele eine erstaunliche Ähnlichkeit mit menschlichen Genen haben. Damit gehören die kleinen Fliegen zu den am besten untersuchten Organismen der Welt.

Wie Spinnen spinnen –
Mini-Terrarium für einen ungewöhnlichen Gast

Halten Sie sich doch einmal für ein paar Tage eine Spinne als Haustier in einer Glasschüssel. Es muss ja nicht gleich die dicke, schwarze Wolfspinne aus dem Keller sein. Ein kleines Exemplar tut es auch, um zu beobachten, wie die Spinne spinnt, wie sie sich elegant an ihren Fäden abseilt und wie sie scheinbar schwebend auf ihrem zarten Netz balanciert. Die Kinder werden sich nicht zweimal bitten lassen, wenn es darum geht, Lebendfutter in Form von Fliegen für den neuen Hausgast beizubringen.

Hausgast und Material
- eine Webspinne
- eine Glasschüssel oder ein Gurkenglas
- etwas Erde und Blätter
- Frischhaltefolie
- Lupe
- lebende Fliegen

Das Experiment
Fangen Sie im Garten oder beim nächsten Spaziergang eine Webspinne, die Sie am einfachsten daran erkennen, dass sie in einem Netz sitzt. Am besten fangen Sie die Spinne, wenn Sie ein leeres Marmeladenglas über sie stülpen und dann mit einem Deckel verschließen. Keine Angst, die in Deutschland vorkommenden Spinnen sind bis auf eine Ausnahme für den Menschen nicht gefährlich (siehe unten).

Zu Hause richten Sie die Schüssel oder das Gurkenglas etwas wohnlich ein: unten ein wenig feuchte Erde, darauf ein paar Blätter. Wichtig sind einige trockene Stängel oder kleine Äste, die dem Innenraum der Schüssel Struktur geben und an denen die Spinne ihr Netz anheften kann. Wenn der Bewohner eingezogen ist, verschließen Sie das Gefäß mit Frischhaltefolie und stechen zur Belüftung Löcher hinein.

Bald wird die Spinne anfangen, ein Netz zu weben. Jede Spinnenart hat eine für sie charakteristische Netzform. Am bekanntesten sind die Radnetze, wie sie die Kreuzspinne webt. Wenn Sie die Spinne längere Zeit halten wollen, müssen Sie sie mit lebenden Insekten füttern.

Was steckt dahinter?

Im Glas lässt sich die Spinne hervorragend beobachten. Nehmen Sie ruhig einmal eine Lupe zur Hand und betrachten den kleinen, feingliedrigen Körper ganz genau. Wichtigstes Merkmal der Spinnen ist die Zahl der Beine: Im Gegensatz zu den sechsbeinigen Insekten haben die Spinnen acht Beine. Wenn sie sich abseilen, hängen sie an einem Tragfaden, den sie als Sicherungsleine verwenden. Produziert wird die Spinnenseide in Spinndrüsen im Hinterleib des Tieres. An den Ausgängen der Spinndrüsen sitzen mikroskopisch kleine Spinnspulen, die aus dem Rohmaterial der Drüsen den Faden herstellen.

Spinnenseide ist dünner als menschliches Haar, reißfester als ein Stahlfaden und extrem elastisch. Diese Eigenschaften wurden im Lauf von Jahrmillionen während der Evolution optimiert: Spinnennetze müssen reißfest und dabei elastisch sein, damit sie die Wucht abfangen können, mit der ein Insekt aus vollem Fluge aufprallt. Die meisten Webspinnen können sogar unterschiedliche Arten von Spinnenseide herstellen – bei der Gartenkreuzspinne sind es sieben Sorten. Es gibt jeweils spezielle Seiden für das Netzgrundgerüst, für Klebefäden zum Anheften des Netzes oder für die Umhüllung des Eikokons.

Die Herstellung naturgetreuer Spinnenseide steht auf der Wunschliste der Materialforscher ganz oben. Deutschen Wissenschaftlern ist es mittlerweile gelungen, das Gen für die Produktion des Spinnenseiden-Proteins zu isolieren und in Bakterien zu vermehren. Jetzt wird die Weiterverarbeitung des Materials erforscht, damit es kommerziell eingesetzt werden kann, zum Beispiel in der Medizintechnik, für besonders reißfeste Kleidung oder zur Verstärkung von Baustoffen.

Und sonst?

Über die Giftigkeit von Spinnen existieren viele Gerüchte. Sicher ist, dass alle Spinnen einen Giftstoff produzieren, mit dem sie ihre Opfer betäuben. Ob dieses Gift für den Menschen gefährlich ist, hängt davon ab, welche Symptome es verursacht und ob die Spinne beim Biss mit ihren Giftklauen die menschliche Haut durchdringen kann.

In Deutschland kommen keine Spinnen vor, die lebensgefährliche Symptome verursachen. Nur wenige der hier heimischen Arten verursachen leichte Symptome. Dazu gehört die häufige Kreuzspinne. Ihr Biss dringt aber allenfalls bei Kleinkindern oder zarter Haut in tiefere Hautschichten und kann dann zu Schwellungen und Schmerzen im Bissbereich führen. Allgemeinsymptome sind nicht bekannt. Eine Behandlung ist nicht erforderlich.

Die einzige heimische Spinne, deren Biss beim Menschen Vergiftungserscheinungen auslösen kann, ist der relativ selten vorkommende Ammen-Dornfinger (Cheiracanthium punctorium). Der Biss ist ähnlich schmerzhaft wie ein Bienenstich. Die Schmerzen dehnen sich dann auf die ganze Gliedmaße aus. Selten sind schwere Verläufe mit Schüttelfrost, Schwindel, Erbrechen und leichtem Fieber. Nach zwei Tagen klingen die Symptome wieder ab. Gesicherte Angaben zur Häufigkeit von Bissen gibt es nicht.

Der Körper der Ammen-Dornfinger ist rund 1,5 Zentimeter lang und hat relativ lange, dünne Beine. Ihr Vorderkörper ist einfarbig rot-orange, der Hinterkörper gelblich bis olivgrün.

Von vorn zeigt der Ammen-Dornfinger eine auffallende Warntracht. Die sehr kräftig ausgebildeten Kieferklauen sind im oberen Teil rot-orange gefärbt, im unteren Teil schwarz. Da die Tiere nachtaktiv sind und den Tag in Ruhegespinsten in krautiger Vegetation verbringen, ist die Gefahr, von ihnen gebissen zu werden, relativ gering.

In Südeuropa gibt es dagegen mehrere giftige Spinnenarten, deren Biss lebensgefährlich werden kann, wie zum Beispiel die Schwarze Witwe.

Und sonst?

Da erstaunlich viele Menschen an einer Arachnophobie – einer unangemessenen Angst vor Spinnen – leiden, haben Wissenschaftler überlegt, woran das liegen könnte. Zum einen ist es die Angst vor einem Biss. Ein weiterer Grund ist die schnelle und unvorhersehbare Art, in der sich Spinnen fortbewegen. Man hat Angst, dass man die Spinne plötzlich am Körper hat, ohne sie zu bemerken. Eine große Rolle spielt sicher auch das erlernte Verhalten. Kinder, die erleben, wie ihre Eltern Angst vor Spinnen haben, werden genauso reagieren. Dafür spricht, dass in anderen Kulturkreisen die Angst vor Spinnen unbekannt ist. Bei vielen Völkern werden sie als nützliche Insektenvertilger geschätzt. Eine ausgeprägte Arachnophobie wird psychotherapeutisch mit einer Konfrontationstherapie behandelt, bei der die Betroffenen sich bewusst einer Begegnung mit Spinnen aussetzen, um so ihre Angst nach und nach zu „verlieren".

Warum Wasserläufer nicht ertrinken –
und wie sie Wasserberge erklimmen

Kaum zeigen sich im Frühling die ersten Sonnenstrahlen, sind auf Tümpeln und Teichen die Wasserläufer unterwegs. Mit ihren extrem langen, weit abgespreizten Beinen flitzen sie elegant über die Wasseroberfläche. Wie ist es möglich, dass sie auf dem Wasser laufen können, ohne zu ertrinken? Nach unserer Anleitung können Sie ein Wasserläufermodell basteln, das genau wie sein natürliches Vorbild von der Oberflächenspannung des Wassers getragen wird.

Das Material

– ein Stück dünnes Styropor,
  zum Beispiel von der Schale einer Obstverpackung
– vier Stecknadeln
– transparentes Plastik einer Blisterverpackung,
  zum Beispiel von einer Zahnbürstenverpackung
– Klebefilm, 1,5 Zentimeter breit
– eine mit Wasser gefüllte Schüssel

Das Experiment

Damit das Modell einfacher zu basteln ist, hat es nicht sechs Beine wie der echte Wasserläufer, sondern nur vier. Für den Körper des Wasserläufers schneiden Sie aus dem dünnen Styropor ein Stück aus, das rund vier Zentimeter lang und zwei Zentimeter breit ist. Danach werden die Beine hergestellt. Als Lauffläche schneiden Sie aus dem transparenten Plastik vier kleine Stücke aus, die etwa einen Zentimeter lang und einen halben Zentimeter breit sind. Dann stechen Sie die Stecknadel vorsichtig in die Mitte des transparenten Plastiks und schieben es bis zum Kopf der Stecknadel hinunter. Nachdem Sie durch jedes Plastikstück eine Stecknadel gesteckt haben, muss das Plastik am Kopf der Nadel mit Klebefilm fixiert werden. Dazu schneiden Sie von dem Klebefilm ein zwei Zentimeter langes Stück ab und halten es mit der klebenden Seite nach oben. Dann stellen Sie die Lauffläche des Beins in die Mitte des Klebfilms, schlagen ihn an den Seiten hoch und fixieren damit das Plastik an der Stecknadel. Wenn alle Beine fertiggestellt sind, folgt die Endmontage. Dazu werden die Stecknadeln an den vier Ecken in das Styroporstück gesteckt und so ausgerichtet, dass alle vier Beine gleich lang sind.

Jetzt können Sie Ihren Wasserläufer vorsichtig auf die Wasseroberfläche in der Schüssel gleiten lassen. Wenn er auf seinen vier Beinen steht, haben Sie alles richtig gemacht.

Dass Ihr Wasserläufer nicht auf dem Wasser schwimmt, sondern tatsächlich von der Oberflächenspannung des Wassers getragen wird, lässt sich durch die Zugabe von Spülmittel leicht nachweisen. Da Spülmittel die Oberflächenspannung verringert, gehen Gegenstände, die durch die Oberflächenspannung über Wasser gehalten werden, unter. Gegenstände, die schwimmen, verändern ihre Lage dagegen nicht.

Was steckt dahinter?

Genau wie ein echter Wasserläufer wird das Modell durch die Oberflächenspannung des Wassers getragen. Die Oberflächenspannung ist eine typische Eigenschaft von Flüssigkeiten und entsteht an Grenzflächen zwischen Flüssigkeit und Luft. Sie bewirkt, dass sich die Oberfläche einer Flüssigkeit ähnlich verhält wie eine gespannte, elastische Folie.

Legt man einen leichten Gegenstand auf das Wasser, gibt die Oberfläche etwas nach und es sind die typischen Dellen zu sehen, die sich rund um die Füße des Wasserläufers bilden. Die zwischen den Wasserteilchen an der Oberfläche wirkenden Kräfte sind stark genug, dass die Wasserhaut bei dieser Belastung nicht reißt. Ist die Kraft, die der aufs Wasser gelegte Gegenstand ausübt, allerdings größer als die Kraft zwischen den Wasserteilchen, reißt die Wasserhaut und der Gegenstand geht unter. Damit die Beinchen des Wasserläufers die Wasseroberfläche optimal eindrücken können, sind sie mit wasserabweisenden Härchen überzogen.

Je wärmer das Wasser ist, desto geringer ist übrigens die Oberflächenspannung. Für den Versuch sollte man daher möglichst kaltes Wasser nehmen.

Wie ein Wasserläufer auf dem Wasser stehen kann, haben wir an unserem Modell gesehen. Wie es ihm gelingt, über das Wasser zu laufen, war lange unbekannt. Erst 2003 haben Mathematiker am renommierten Massachusetts Institute of Technology (MIT) in den USA den Bewegungsablauf aufgeklärt. Als die Wissenschaftler Wasserläufer über eine gefärbte Wasseroberfläche laufen ließen, entdeckten sie, dass die Tiere wirbelförmige Spuren hinterlassen. Weitere Untersuchungen mit Hochgeschwindigkeitskameras zeigten: Die Wasserläufer benutzen die Spitzen ihres mittleren Beinpaars als Ruder und erzeugen damit kleine Strudel, die den Bewegungsimpuls auslösen. Mit dieser Bewegungstechnik erreichen die Wasserläufer eine Geschwindigkeit von bis zu 150 Zentimetern pro Sekunde.

Wie man an unserem Modell sehen kann, sind Gegenstände, die auf dem Wasser liegen, von einem winzigen Wall – dem so genannten Meniskus – umgeben. Für den kleinen Wasserläufer kann der Meniskus, der sich um ein Beutetier bildet, ein großes Hindernis darstellen. Er muss den Berg des Meniskus quasi hinaufklettern. Wie er das macht, haben die Forscher am MIT mit Videoaufnahmen dokumentiert: Die Wasserläufer haben an den Enden ihrer Vorder- und Hinterbeine Klauen, die mit Wasser benetzbar sind und normalerweise zurückgezogen werden. In der Nähe eines Meniskus, den das Tier überwinden will, werden die Klauen am vorderen und hinteren Beinpaar ausgefahren, während es auf dem mittleren Beinpaar steht. Mit den Klauen der Vorderbeine zieht das Tier dann die Wasseroberfläche des Walls leicht nach oben und kann so auf dem Wasserberg hinaufgleiten.

Damit die rund einen Zentimeter großen Insekten nicht ständig vom Ertrinken bedroht sind, hat die Evolution einen großen Sicherheitsspielraum eingebaut. Die Tiere wiegen nur ein Zehntel des Gewichts, das die Oberflächenspannung tragen könnte. So ist es auch möglich, dass sich das Männchen bei der Paarung auf das Weibchen setzt, ohne dass die beiden untergehen.

Und sonst?

Wasserläufer ernähren sich von Insekten, die ins Wasser fallen. Die Schwingungen, die ein ums Überleben ruderndes Insekt erzeugt, nimmt der Wasserläufer mit seinen empfindlichen Vibrationssinnesorganen an den Beinen wahr, läuft auf die Beute zu und saugt sie aus.

Die Tiere kommunizieren miteinander, indem sie mit dem mittleren Beinpaar auf das Wasser schlagen. An der Frequenz der dabei erzeugten Wellen erkennen sie, ob die Nachricht von einem Weibchen oder einem Männchen stammt.

Weltweit gibt es Hunderte von verschiedenen Wasserläuferarten. Der größte ist der Vietnamesische Wasserläufer, der bis zu zwanzig Zentimeter lang werden kann.

Das Modell des Wasserläufers wird von der Oberflächenspannung getragen.

Warum Enten nicht frieren –
und wie sie es schaffen, beim Tauchen trocken zu bleiben

Wenn Sie das nächste Mal beim Spazierengehen Enten sehen, schauen Sie einmal genau hin. Wenn die Enten nach dem Tauchen an die Oberfläche kommen, sind sie sofort wieder trocken. Das Wasser perlt von ihrem Gefieder ab. Wenn ein bekleideter Mensch ins Wasser fällt, sieht das allerdings ganz anders aus. Seine Kleider saugen sich mit Wasser voll und ziehen ihn in die Tiefe. Wo ist da der Unterschied?

Das Material
– einige Entenfedern
– eine kleine Schüssel mit Wasser
– Geschirrspülmittel

Das Experiment
Entenfedern finden Sie meist am Ufer von Teichen oder Seen, wo Enten leben. Haben Sie kein Glück mit der Suche oder hygienische Bedenken, können Sie auch im Bettenfachgeschäft fragen. Die dort erhältlichen Gänsefedern sind entstaubt und keimfrei gemacht. Um zu sehen, wie sich eine Feder beim Kontakt mit Wasser verhält, legen Sie sie kurz in eine mit Wasser gefüllte Glasschüssel. War die Feder noch frisch und hat nicht schon wochenlang im Regen am Ufer gelegen, wird das Wasser in dicken Tropfen an der Feder abperlen.

Geben Sie jetzt einige Tropfen Geschirrspülmittel in die Wasserschüssel und ziehen die Feder nochmals durch. Wie sieht die Feder jetzt aus? Tropft das Wasser immer noch ab?

Was steckt dahinter?
Legt man die Feder in reines Leitungswasser, wird sie praktisch nicht nass. Das Wasser perlt ab. Im Geschirrspülmittel scheint die Feder in sich zusammenzufallen. Sie verliert ihre Spannung, nimmt das Wasser auf und wird nass und schwer. Sie hat offensichtlich ihren Nässeschutz verloren.

Wenn man Enten beobachtet, fällt auf, dass sie häufig ihren Kopf weit nach hinten drehen, ihren Schnabel zum Schwanz führen und dann durch das Gefieder streichen. Die Tiere nehmen dabei an der Bürzeldrüse Fett auf und verteilen es mit dem Schnabel durch das Gefieder. Durch das Fett werden die Federn gegen das Wasser imprägniert. Legt man die Federn in Geschirrspülmittel, wird das an der Feder haftende Fett gelöst und damit der Nässeschutz entfernt.

Neben dem Fett haben die Deckfedern noch einen zweiten Schutzmechanismus. An den einzelnen Ästen der Feder sitzen feine Haare, die mit Häkchen ausgestattet sind. Sie verhaken sich mit den Häkchen des Nachbarastes und sorgen so für die Festigkeit der Feder.

Die stabilen und gut eingefetteten Deckfedern umhüllen die Ente wie eine wasserdichte Kissenhülle. Zwischen Hülle und Entenkörper liegen die leichten, flauschigen Daunen, die eine wärmende Luftschicht aufbauen – genau wie bei einer Bettdecke. Die Ente ist von einem regelrechten Luftkissen umgeben, das sie vor Kälte schützt.

Und sonst?

Wenn Sie noch eine Entenfeder übrig haben, simulieren Sie doch einmal die Wirkung eines Öltankerunfalls auf das Gefieder von Wasservögeln. Halten Sie die Feder kurz in ein wenig Speiseöl und holen sie gleich wieder heraus. Die Feder hat sich mit dem Öl vollgesogen und ist ganz schwer geworden. Wenn man die Feder betrachtet, wird klar, dass ein Wasservogel nicht in der Lage ist, sein Gefieder von dem Öl zu reinigen – zumal es sich beim Öltanker nicht um leichtes Speiseöl, sondern um schweres Rohöl handelt. Wenn ölverschmierten Wasservögeln nicht geholfen wird, gehen sie qualvoll ein.

Der Sinn der Sinne –
Hochspezialisierte Schnittstellen zur Umwelt

Wir sehen, hören, riechen, schmecken, fühlen – ständig liefern uns unsere Sinne zahlreiche Informationen und schaffen damit die Voraussetzung, dass wir uns in unserer Umwelt zurechtfinden. Die Leistungen der Sinnesorgane sind optimal an die Lebensweise der jeweiligen Art angepasst. Adler erspähen mit ihren sprichwörtlichen Adleraugen aus großer Höhe jede kleine Maus auf dem Waldboden, Nachtfalter fliegen selbst in tiefer Dämmerung noch zielsicher Nektar spendende Blüten an.

Alle Sinneseindrücke erhalten wir von hochspezialisierten Sinneszellen. Sie sind die Schnittstelle zwischen der Außenwelt und unserem Gehirn. In der Nase sitzen Riechzellen, im Auge die Sehzellen, in der Haut Zellen mit Tastkörperchen. Sie funktionieren alle nach dem gleichen Prinzip: Wenn sie mit ihren Rezeptoren einen spezifischen Reiz wahrnehmen, wird in der Zelle auf biochemischem Weg ein elektrischer Impuls erzeugt, der über die Nerven ans Gehirn geleitet wird. Dort gibt es spezielle Zentren, die auf die jeweiligen Sinne spezialisiert sind und uns vermitteln, wie die Welt um uns herum beschaffen ist.

Tiere haben unter Umständen eine ganz andere Wahrnehmung unserer Welt. Manche haben Sinnesorgane, die wir Menschen nicht besitzen, wie zum Beispiel den Magnetsinn, der mittlerweile bei über 50 Arten nachgewiesen wurde, darunter Rotkehlchen, Tauben, Bienen und Lachse. Mit Hilfe ihres Magnetsinns können sich die Tiere am Magnetfeld der Erde orientieren.

Auf den nächsten Seiten möchte ich Sie zu einigen unterhaltsamen Versuchen einladen, mit denen Sie die Fähigkeiten und auch die Schwächen der menschlichen Sinne kennenlernen können.

© Springer-Verlag GmbH Deutschland, ein Teil von Springer Nature 2019
C. Broll, *Warum Blumen bunt sind und Wasserläufer nicht ertrinken*,
https://doi.org/10.1007/978-3-662-59504-6_9

Wie Gefühle täuschen können –
Die Besonderheiten des Tastsinns

Um den Tastsinn zu erkunden, brauchen Sie Muße und Wärme. Muße, da das Experiment etwas Zeit erfordert. Wärme, weil die Versuchsperson zeitweise den Oberkörper freimachen muss. Wir haben das Experiment an einem gemütlichen Sonnen-Sonntagnachmittag am Badesee durchgeführt und hatten viel Spaß dabei.

Das Material
– ein Stechzirkel
– ein Lineal

Das Experiment
Am besten fängt man mit der Untersuchung der Hand an. Stellen Sie den Abstand der beiden Zirkelspitzen auf 0,5 Zentimeter ein. Dann setzen Sie beide Spitzen möglichst gleichzeitig auf die Fingerkuppe ihres Kindes oder Ihres Partners. Die Berührung soll deutlich spürbar sein, es darf aber auf keinen Fall wehtun. Jetzt muss die Versuchsperson sagen, ob sie eine oder zwei Spitzen fühlt. Wichtig ist natürlich, dass nicht gespickt wird. Wenn ihr Kind mag, können Sie ihm die Augen verbinden – das macht den Versuch auch noch spannender. Zur Kontrolle zwischendurch immer mal wieder nur eine Spitze aufsetzen.

An der Fingerkuppe werden zwei Pikse im Abstand von 0,5 Zentimetern normalerweise als getrennte Reize wahrgenommen. Aber wie ist es an der Handinnenfläche? Bei einem Abstand von 0,5 Zentimetern spüren die meisten hier nicht mehr zwei getrennte Reize, sondern haben das Gefühl, dass sie nur von einer Spitze berührt werden. Um auszuprobieren, ab welchem Abstand wieder zwei Spitzen wahrgenommen werden, vergrößern Sie den Abstand auf einen Zentimeter. Jetzt werden wahrscheinlich wieder zwei Reize empfunden.

Dann können Sie sich den Armen und dem Rücken widmen. Wo ist die Reizschwelle am Unterarm, am Oberarm, an den Schultern, am Rücken? Seien Sie nicht erstaunt. Bei Erwachsenen kann die simultane Raumschwelle – der Abstand, bei dem zwei gleichzeitig erfolgende Berührungsreize noch getrennt als zwei Empfindungen wahrgenommen werden – am Rücken fünf bis sieben Zentimeter betragen. Bei Kindern sind die Werte in der Regel kleiner. Wenn Sie sich gegenseitig untersuchen, finden Sie den Unterschied am besten heraus.

Nach einer kurzen Pause folgt der zweite Teil des Experiments: Ihr Kind legt sich am besten nur mit einer Badehose bekleidet auf den Bauch. Als Abstand für die Zirkelspitzen wählen Sie einen Wert, der zwischen der vorher bestimmten Raumschwelle für den Unterarm und der für den Rücken liegt, zum Beispiel zwei Zentimeter. Beginnen Sie am Handrücken und ziehen den Zirkel gleichmäßig in streichender Bewegung über die Haut, sodass ständig beide Spitzen aufliegen. Am besten geht das, wenn man den Zirkel schräg hält. Vom Handrücken geht es zum Oberarm, über die Schulter zum Rücken, hinunter über den Po, die Beine bis zu den Fußsohlen. Während Sie langsam über den Körper ihres Kindes streichen, sagt es Ihnen, was es fühlt.

An der Hand ist noch deutlich der Doppelstrich zu spüren. Doch an den Schultern hat man das Gefühl, dass die Spitzen immer weiter zusammenrücken, bis man am Rücken nur noch einen einfachen Strich spürt. An den Fußsohlen fühlt man wieder deutlich zwei Nadeln.

Was steckt dahinter?

In der Haut liegen verschiedene Sinneskörperchen, die auf Druck reagieren und den Tastsinn ausmachen. Die Dichte der Sinneskörperchen ist in den verschiedenen Bereichen des Körpers äußerst unterschiedlich. An den Fingerkuppen liegen sie eng beieinander, am Rücken sind sie weiter voneinander entfernt.

Druck und Berührung werden von zwei Rezeptortypen wahrgenommen. Die paccinischen Körperchen übermitteln großflächige Berührungen und Druck.
Die merkelschen Scheiben reagieren auf genau lokalisierte Berührungen. Durch das Zusammenspiel der unterschiedlichen Rezeptoren kann man Intensität, Dauer und Bereich der jeweiligen Berührung genau bestimmen.

Und sonst?

Die häufigste Blindenschrift – die Brailleschrift – macht sich
die Sensibilität der Fingerkuppen zunutze. Die Zeichen der Blindenschrift bestehen aus sechs Punkten – drei in der Höhe und zwei in der Breite. Ein normales Braillezeichen ist rund sechs Millimeter hoch und vier Millimeter breit. Jedem Buchstaben ist ein bestimmtes Muster an erhöhten Punkten zugeordnet. Beim Buchstaben „A" ist zum Beispiel nur der linke obere Eckpunkt erhöht. Für das „G" sind die vier oberen Punkte erhöht.

Da für die Arbeit am Computer mehr Zeichen notwendig sind, als sich mit sechs Punkten festlegen lassen, wird hier auch oft noch eine vierte Zeile hinzugefügt, so dass acht Punkte zur Verfügung stehen (Computerbraille). Auf diese Weise erhält man 256 Kombinationen.

Schlecht geeichtes Thermometer –
Wie die Temperatursensoren der Haut reagieren

„Wenn man drin ist, ist es gar nicht mehr kalt", rufen mutige Schwimmer den zaudernd am Ufer frierenden Freunden gerne zu. Im kalten Wasser gewöhnt sich der Körper schnell an die Kälte und wenn man nicht aufpasst, holt man sich leicht eine Erkältung. Wie unzuverlässig uns der Temperatursinn über die wahre Umgebungstemperatur informiert, erleben wir hautnah bei diesem Experiment.

Das Material
– drei große Schüsseln
– heißes und kaltes Wasser
– ein Messbecher
– ein Handtuch
– Küchenwecker und Stoppuhr

Das Experiment
Füllen Sie eine der Schüsseln mit kaltem Wasser, die andere mit heißem Wasser. Stellen Sie Schüssel Nummer drei in die Mitte und füllen Sie mit einem Messbecher aus den beiden anderen Schüsseln jeweils die gleiche Menge heißes und kaltes Wasser hinein. So haben Sie in dieser Schüssel Wasser mit einer mittleren Temperatur.

Die Versuchsperson hält jeweils eine Hand in das heiße, die andere in das kalte Wasser. Um die gewünschte Wirkung zu erreichen, sollten es schon zwei Minuten sein. Dann werden die Hände herausgenommen, kurz abgetrocknet und gemeinsam in die mittlere Schüssel gehalten. Wie empfindet die linke Hand die Temperatur des Wassers? Was fühlt die rechte Hand? Messen Sie die Zeit, bis beide Hände das gleiche Temperaturempfinden haben und vergleichen Sie die Werte der verschiedenen Versuchsteilnehmer.

Was steckt dahinter?

Der Temperatursinn ist nicht in der Lage, die absolute Temperatur zuverlässig zu ermitteln. Er reagiert vor allem auf Veränderungen. Daher empfindet man bei dem Versuch die Temperatur des lauwarmen Wassers auch völlig unterschiedlich – je nachdem, ob die Hand vorher in heißem oder in kaltem Wasser steckte.

In der Haut haben wir zwei verschiedene Typen von Sensoren, die den Temperatursinn ausmachen. Die Warmsensoren reagieren auf Erwärmung über die neutrale Hauttemperatur, die zwischen 30 und 36 Grad Celsius liegt. Kaltsensoren melden, wenn die Haut unter diese neutrale Temperatur abgekühlt wird. Die beiden Sensortypen sind punktförmig in der Haut angeordnet. Ein Erwachsener hat in der Hand pro Quadratzentimeter rund fünf Kältepunkte und zwei Wärmepunkte. Bei Temperaturen über circa 45 Grad werden die freien Nervenendigungen mitgereizt und wir empfinden Schmerz.

Und sonst?

Die Kältepunkte sind an der Hand gut zu lokalisieren. Lassen Sie einen spitzen Bleistift ohne Druck über Ihren Handrücken gleiten. An einigen Stellen spüren Sie die Kälte der Bleistiftmine, in anderen Bereichen dagegen überhaupt nicht. Wo Sie die Kälte spüren, sitzen die Kaltsensoren.

Und sonst?

Temperatursensoren reagieren nicht nur auf Temperaturänderungen, sondern auch auf chemische Reize. Menthol, der Hauptbestandteil des Pfefferminzöls, stimuliert Kaltsensoren und erzeugt dadurch eine Kälteempfindung. Capsaicin, der scharf schmeckende Bestandteil von Paprika und Chili, wirkt auf die Warmsensoren. Daher wird es uns beim Genuss scharfer Gerichte auch so schnell heiß.

Zitrone oder Bittermandel? –
Wie man den Geruchssinn überlisten kann

Mit diesem Versuch können Sie jeden verblüffen – nicht nur Kinder, sondern auch Erwachsene. Denn es grenzt fast schon an Zauberei, wie man mit zwei Fläschchen Backaroma die Wahrnehmung täuschen kann.

Das Material
– zwei Saftgläser
– Bittermandelaroma
– Zitronenaroma
– wasserunlöslicher Filzstift
– Küchenwecker

Das Experiment
Bittermandelaroma und Zitronenaroma finden Sie im Supermarkt bei den Backzutaten. Sie sind in kleine Glasröhrchen abgefüllt. Für den Versuch brauchen Sie zwei Saftgläser, die Sie mit 1 und 2 beschriften. In Glas 1 geben Sie einen Tropfen Zitronenaroma und einen Tropfen Bittermandelaroma. In Glas 2 kommen zwei Tropfen Bittermandel.

Die Versuchsperson riecht zum Vergleich zunächst kurz an beiden Gläsern. Im Glas 1 ist das Zitronenaroma fast vollständig vom Bittermandelgeruch überdeckt und kaum wahrzunehmen. Nun riecht die Versuchsperson genau zwei Minuten lang an Glas 2. Stellen Sie den Küchenwecker und achten Sie darauf, dass ihr Kandidat die Nase permanent tief in das Glas hält und sich konzentriert. Mit der Zeit hat er den Eindruck, dass der Geruch verblasst.

Nach Ablauf der zwei Minuten reichen Sie ihm Glas 1. Er wird nur noch das Zitronenaroma wahrnehmen. Der Bittermandelgeruch scheint in diesem Glas verschwunden.

Was steckt dahinter?

Die Sinneszellen in der Riechschleimhaut sind jeweils auf einen ganz bestimmten Duftstoff spezialisiert. Beim Menschen wurden Spezialisierungen für rund 350 verschiedene Duftstoffe gefunden. Da Gerüche meist aus vielen unterschiedlichen Duftstoffen zusammengesetzt sind, reagieren bei einem Geruch oft mehrere Typen von Riechzellen: Ihre Aktivität wird kombiniert und kodiert damit einen bestimmten Geruch – so lassen sich mehrere tausend Gerüche gut von einander abgrenzen.

Wenn die Riechzellen über längere Zeit einem bestimmten Duftstoff ausgesetzt sind, nimmt die Wahrnehmung kontinuierlich ab. Im Alltag kann man das oft beobachten. Das eigene Parfüm riecht man nach einiger Zeit nicht mehr. Und auch an eine verrauchte Kneipe kann sich die Nase gewöhnen.

Das war bei unserem Versuch im Prinzip genauso. Während die Versuchsperson zwei Minuten an dem Glas mit dem reinen Bittermandelduft roch, sind die Riechzellen für den Bittermandelgeruch abgestumpft. Als sie sich dann dem ersten Glas widmete, in dem Bittermandel- und Zitronenöl enthalten sind, nahm sie die Bittermandel nicht mehr wahr und roch nur noch das Zitronenöl.

Und sonst?

Gerüche werden im Gehirn nicht als Duftmuster, sondern immer in Zusammenhang mit Erlebnissen und Emotionen abgespeichert. Daher erinnern wir uns bei einem speziellen Duft oft spontan an eine Situation und fühlen uns auch emotional wieder in diese hineinversetzt.

Wie wir auf Gerüche reagieren, können wir nicht mit dem Verstand steuern. Denn die Informationen, die die Nervenbahnen von der Nase zum Gehirn leiten, kommen erst in den für Gefühle zuständigen Teil des Gehirns. Erst danach werden sie in das Großhirn gesendet, das für das bewusste Denken und vernunftgesteuerte Handlungen zuständig ist.

Wer kann mit einem Auge zielen? –
Ein lustiger Wettbewerb für Groß und Klein

Wie wichtig beide Augen für das räumliche Sehen sind, erfahren die Kinder bei diesem Wettbewerb ganz spielerisch. Wer kann als einäugiger Bandit am besten das Ziel treffen?

Das Material
– ein kleines Stück buntes Tonpapier oder dünnen Karton
– eine 1-Cent-Münze
– Bleistift, kleine Schere
– Nähgarn
– Augenklappe oder Tuch zum Verbinden der Augen

Das Experiment
Die 1-Cent-Münze wird auf das Tonpapier gelegt, der Umriss mit dem Bleistift nachgezeichnet und ausgeschnitten. Um das Loch herum wird in rund einem Zentimeter Abstand ein zweiter Kreis gezeichnet und so ausgeschnitten, dass ein Ring entsteht. Den Ring befestigen Sie an dem Faden und hängen ihn frei schwebend auf.

Jetzt beginnt der Wettbewerb. Dem ersten Mitspieler wird ein Auge verbunden. Er bekommt einen Bleistift in die Hand und hat fünf Versuche, mit dem Bleistift in das Loch zu treffen. Dann wird das andere Auge verbunden, und es gibt wieder fünf Versuche. Zum Schluss wird die Augenbinde komplett abgenommen und er darf noch fünfmal in das Loch zielen. Die Ergebnisse der einzelnen Mitspieler werden aufgeschrieben. Wer am meisten beim einäugigen Zielen getroffen hat, hat gewonnen.

Am schwierigsten ist es, wenn der Ring so hängt, dass man ihn von der Seite treffen muss. Indem Sie die Stellung des Rings verändern, können Sie die Schwierigkeit des Spiels auf das Alter der Kinder abstimmen.

Was steckt dahinter?

Wenn man nur mit einem Auge sieht, ist es ziemlich schwierig, mit dem Bleistift in das Loch zu treffen. Hat man beide Augen offen, ist es wesentlich einfacher.

Räumliches Sehen ist nur mit beiden Augen möglich. Jedes Auge sieht das Objekt aus einem leicht unterschiedlichen Blickwinkel. Daher sind die von beiden Augen aufgenommenen Bilder nicht vollkommen gleich. Im Gehirn werden die Bilder dann zu einem plastischen Bild zusammengesetzt, das uns die räumliche Orientierung ermöglicht.

Und sonst?

Wenn es zunächst unwahrscheinlich klingt, so ist es doch möglich, die Netzhautgefäße im eigenen Auge zu sehen. Den Versuch machen Sie am besten am Abend in einem dunklen Zimmer. Kneifen Sie ein Auge zu und schauen Sie mit dem anderen geradeaus. Wenige Zentimeter seitlich vom offenen Auge bewegen Sie eine Taschenlampe auf und ab. Sie sehen vor sich ein virtuelles graues Schattenbild, das von vielen verzweigten Adern durchzogen ist. Das sind die Gefäße in Ihrer eigenen Netzhaut.

Wie ist das möglich? Wenn das Licht der Taschenlampe ins Auge gelangt, werfen die Netzhautgefäße auf die hinter ihnen liegenden Lichtsinneszellen – die Stäbchen und Zapfen – einen Schatten. Es entsteht eine optische Täuschung, denn wir sehen den Schatten der Gefäße so, als würden sie außerhalb des Auges liegen. Das Schattenbild verschwindet sofort, wenn Sie die Taschenlampe nicht mehr bewegen.

Und sonst?

Die Augen sind in der Evolution sogar dreimal unabhängig voneinander entstanden. Bei Wirbeltieren entwickelte sich das typische Kameraauge, mit dem auch wir Menschen ausgestattet sind. Vom Prinzip her genauso konstruiert ist das Auge der Schnecken und Tintenfische, das ebenso wie unser Auge über eine Hornhaut, eine Linse und Sehzellen auf der inneren Rückwand des kugelförmigen Augapfels verfügt. Trotz der verblüffenden Ähnlichkeit sind sich die Biologen sicher, dass in der Gruppe der Weichtiere – zu der die Schnecken und Tintenfische gehören – das Kameraauge als völlige „Eigenentwicklung" entstanden ist. Insekten, Spinnen und Krebse haben dagegen einen völlig anderen Augentyp konstruiert – die Facettenaugen, die aus Hunderten von winzigen Einzelaugen bestehen. Verglichen mit dem menschlichen Auge erlauben die Facettenaugen in der Regel eine wesentlich höhere zeitliche Auflösung der Bilder, so dass die Tiere damit hervorragend schnelle Bewegungen wahrnehmen können.

Warum Brot beim Kauen süß wird –
und was das mit der Fotosynthese zu tun hat

„Gut gekaut ist halb verdaut." Mit diesem Spruch wurden wir als Kinder angehalten, gut zu kauen und langsam zu essen. Dass an dieser alten Weisheit wirklich was dran ist, können Sie bei diesem einfachen Experiment erleben. Und vielleicht können Sie damit auch Ihre Kinder überzeugen.

Das Material
– eine Scheibe Weizentoast (kein Vollkorn) oder Weißbrot

Das Experiment
Den Versuch macht man am besten zu zweit oder zu dritt. Nehmen Sie ein Stück Weißbrot oder Toast in den Mund und kauen Sie so lange, bis Ihnen das sprichwörtliche Wasser im Mund zusammenläuft. Das Brot wird durch den Speichel und das lange Kauen weich und flüssig. Lassen Sie den Brotbrei möglichst lange im Mund und achten Sie darauf, wie sich der Geschmack verändert.

Was steckt dahinter?

Wenn man Brot lange kaut, beginnt es sich im Mund zu zersetzen. Das im Speichel enthaltene Enzym Amylase spaltet die im Brot enthaltene Stärke in ihre Bestandteile auf. Wie man unschwer am Geschmack erkennen kann, bildet sich Zucker.

Diese Reaktion findet immer statt, wenn wir stärkehaltige Nahrungsmittel essen, wie Brot und Nudeln oder Kartoffeln und Reis. Warum aber ist Stärke in so vielen pflanzlichen Produkten enthalten und gehört zu unseren wichtigsten Lebensmitteln? Das liegt an der biologischen Rolle, die die Stärke im Leben der meisten Pflanzen spielt. Bei der Fotosynthese produzieren die grünen Pflanzen Traubenzucker und Sauerstoff („Natürliche Sonnenkollektoren", Seite 19). Mit dem Zucker gibt es allerdings ein Problem. Zu hohe Zuckerkonzentrationen schaden der Zelle. Daher ist in der Evolution eine Methode entstanden, wie der Zuckervorrat der Pflanze gut gespeichert werden kann. Die einzelnen Zuckermoleküle werden einfach aneinandergekettet – zu einem Stärkemolekül.

Da die Stärke nicht wasserlöslich ist, lässt sie sich hervorragend für die Vorratshaltung nutzen. Sie wird in Kartoffelknollen genauso eingelagert wie in den Getreidekörnern. Braucht eine Pflanze Energie, zum Beispiel beim Auskeimen des Getreidekorns, wird die Stärkekette einfach wieder in die einzelnen Zuckermoleküle zerlegt.

Wenn wir Getreide oder Kartoffeln essen, bedienen wir uns am Stärkevorrat der Pflanzen. Damit wir die Stärke für unseren Stoffwechsel nutzen können, müssen wir sie wieder zerlegen – in einzelne Zuckermoleküle. Die Vorarbeit wird schon im Mund von der Amylase erledigt. Die restliche Aufspaltung findet dann im Dünndarm statt, wo die wasserlöslichen Zuckermoleküle von den Zellen der Darmschleimhaut aufgenommen werden. Von dort wird der Zucker weiter ins Blut transportiert, wo er für die Energiegewinnung und den Aufbau neuer lebenswichtiger Stoffe zur Verfügung steht.

Wer hat am meisten Puste? –
Wir bestimmen das Lungenvolumen

Ein Experiment mit großem Spaßfaktor, das man mit übermütigen Kindern am besten im Sommer im Freien macht. Es kann dabei ganz schön feucht-fröhlich zugehen.

Das Material
– große Waschschüssel
– fünf-Liter-Kanister mit Ausgießschnute,
  zum Beispiel von destilliertem Wasser
– mehrere abknickbare Strohhalme
– wasserfester Filzstift

Das Experiment
Füllen Sie die Schüssel rund fünf Zentimeter hoch mit Wasser. Der Kanister wird bis oben mit Wasser aufgefüllt und mit dem Schraubdeckel verschlossen. Dann kommt ein etwas schwieriges Manöver: Die Öffnung des Ausgießers wird zugehalten, der Kanister auf den Kopf gedreht und in die Schüssel gestellt. Jetzt erst dürfen Sie den Ausgießer loslassen. Dabei läuft ein wenig Wasser aus dem Kanister in die Schüssel, was aber bald aufhört.

Nun ist der erste Kandidat dran. Er knickt seinen Strohhalm etwas um und schiebt das kürzere Ende in den Ausgießer des Kanisters. Dann wird einmal kräftig Luft geholt und durch den Strohhalm in die Flasche gepustet. Das Wasser wird durch die einströmende Luft aus dem Kanister verdrängt und fließt in die Schüssel. Damit es keine Überschwemmung gibt, muss die Schüssel groß genug sein, das ausströmende Wasser zu fassen – auch wenn später die Erwachsenen an der Reihe sind.

Mit einem Filzstift können Sie anzeichnen, wie viel Luft jeder in die Flasche blasen konnte. Wenn Sie es ganz genau machen möchten, können Sie den Kanister vor dem Versuch eichen. Dazu füllen Sie mit einem Messbecher in Halbliterschritten Wasser ein und markieren den jeweiligen Wasserstand.

Was steckt dahinter?

An der Wasserverdrängung im Kanister ist abzulesen, wie viel Luft in der Lunge Platz hat. Das Lungenvolumen ist stark von der Körpergröße abhängig. Eine 1.60 Meter große Frau hat ein Lungenvolumen von rund drei Litern, bei einem 1.90 Meter großen Mann beträgt das Fassungsvermögen bis zu fünf Litern. Da kleine Kinder entsprechend weniger Lungenvolumen haben, kann man mit ihnen das Experiment auch mit einer 1,5- oder 2-Liter-Getränkeflasche machen, wenn man keinen Kanister zur Hand hat. Der Strohhalm wird dann direkt in die Flaschenöffnung gesteckt.

Hauptaufgabe der Lunge ist die Aufnahme von Sauerstoff und die Abgabe von Kohlendioxid aus dem Blut. Dazu sind in der Lunge rund 300 Millionen Lungenbläschen vorhanden, die eine Gesamtoberfläche von rund 100 Quadratmetern haben. Die Oberfläche der Lungenbläschen ist damit so groß wie die Grundfläche einer durchschnittlichen Vierzimmerwohnung.

Kreislaufwirtschaft ohne Abfall –
Endlose Reise durch Zeit und Raum

Holen Sie sich ein Glas Leitungswasser und lassen Sie sich entführen auf eine Reise – die Reise, die das Wasser erlebt hat, das in dem Glas neben Ihnen steht.

Die letzte Etappe dieser Reise kennen Sie sicher: Das Wasser wurde vom Wasserwerk Ihrer Stadt aus einem Trinkwasserbrunnen gefördert, wenn nötig gereinigt und dann per Wasserleitung zu Ihnen ins Haus befördert. Wo aber war das Wasser davor? Wo kamen die Wolken her, in denen es über Tausende von Kilometern durch die Luft transportiert wurde? Aus Westen vom Atlantik? Und wo floss es entlang, bevor es in den Atlantik strömte?

Die Reise des Wassers ist ein endloser Kreislauf durch Raum und Zeit. Vor 100 Millionen Jahren wurde es vielleicht von einem Dinosaurier getrunken und wieder ausgeschieden. Vor zwei Milliarden Jahren versorgte es möglicherweise eine der ersten Algenarten auf unserem Planeten mit Wasser. Und was war vor fünf Milliarden Jahren? Aus welchen fernen Galaxien kamen die Elementarteilchen, aus denen die Wassermoleküle in Ihrem Glas aufgebaut sind?

Auf seiner Reise ist das Wasser nicht alleine. Alle Stoffe, aus denen sich lebende Organismen zusammensetzen, unterliegen einem ständigen Auf- und Abbau. Neben dem Wasserkreislauf ist der Kohlenstoffkreislauf für das Bestehen des Lebens auf der Erde der wichtigste. Wenn Pflanzenreste im Boden von Mikroorganismen abgebaut werden, entsteht Kohlendioxid. Es wird als Gas in die Atmosphäre abgegeben. Bei der Fotosynthese nehmen Pflanzen das Kohlendioxid auf, stellen daraus Zucker und später auch Stärke her. In Form von Mehl gelangt der Kohlenstoff in Ihr Frühstücksbrötchen, wird von Ihnen gegessen und in den Stoffwechsel eingeschleust. Hier kann er vielfältige Aufgaben übernehmen. Er kann auf schnellstem Wege zur Energiegewinnung abgebaut werden

© Springer-Verlag GmbH Deutschland, ein Teil von Springer Nature 2019
C. Broll, *Warum Blumen bunt sind und Wasserläufer nicht ertrinken*,
https://doi.org/10.1007/978-3-662-59504-6_10

oder längere Zeit in Ihrem Körper verweilen – als Baustein in einem Knochen oder vielleicht in einem roten Blutkörperchen. Nachdem der Kohlenstoff Ihren Körper wieder verlassen hat, geht er in unserer Zivilisation den gleichen Weg wie das Wasser – über die Kläranlage gelangt er in einen Fluss und steht dann wieder dem natürlichen Kreislauf zur Verfügung. Die Reise geht weiter.

Unverwertbaren Abfall gibt es in den natürlichen Kreislaufsystemen übrigens nicht. Jeder Stoff, der von Bakterien, Pilzen, Pflanzen oder Tieren produziert wird, ist biologisch abbaubar. Für jede noch so komplizierte Verbindung existiert ein Mikroorganismus, der zu ihrem vollständigen oder teilweisen Abbau befähigt ist. Die entstandenen Bruchstücke können dann von anderen Arten verwertet werden. Die Abfallprodukte des einen Organismus dienen dem anderen als Nahrung. Alles läuft im Kreis.

Nur die vom Menschen auf synthetischem Weg hergestellten chemischen Verbindungen bilden da eine Ausnahme. Viele Stoffe können nicht von Mikroorganismen abgebaut werden, und reichern sich daher in der Umwelt an – mit den bekannten Problemen.

Regenwürmer bei der Gartenarbeit –
Gute Erde aus alten Blättern

Irgendwann kommt jedes Kind einmal ganz stolz mit einem Regenwurm in der Hand nach Hause. Die Kleinen sind fasziniert von allem, was da kreucht und fleucht und kennen keinen Ekel. Recht haben sie, denn die Regenwürmer sind interessante und vor allem sehr nützliche Tiere. Wie die fleißigen Würmer Röhren anlegen und den Boden durchmischen, lässt sich ganz einfach in einem Glas beobachten.

Beteiligte und Material
- einige Regenwürmer
- ein Blatt Papier
- Lupe
- ein Glas mit einem Durchmesser von mindestens 12 Zentimetern, zum Beispiel ein großes Gurkenglas
- heller Sand
- dunkle Erde
- leicht verrottende Blätter

Das Experiment
Um die Beschaffung der Untersuchungsobjekte brauchen Sie sich keine Gedanken zu machen – Kinder sind von Natur aus begabte Regenwurmsucher. Wenn sie nach einem Regen ausschwärmen, kommen sie sicher nicht mit leeren Händen zurück. Zu Hause können Sie währenddessen das Glas vorbereiten. Zuerst wird es rund fünf bis sieben Zentimeter hoch mit dunkler Erde gefüllt. Darauf kommt eine circa fünf Zentimeter dicke Schicht heller Sand, zum Beispiel aus dem Sandkasten.

Wenn die Kinder mit ihrer „Beute" kommen, beobachten wir erst einmal, wie sich ein Regenwurm fortbewegt. Dazu setzen wir einen sauberen, möglichst kräftigen Wurm auf ein Blatt Papier. Jetzt sollen alle ganz leise sein. Jeder darf einmal mit dem Ohr nahe an das Papier. Was ist zu hören? Wenn das

Geräusch nicht deutlich zu erkennen ist, kann man das Papier auch ans Ohr halten.

Das Kratzen, das man auf dem Papier hört, erzeugt der Wurm mit den Borsten, die er zur Fortbewegung braucht. Wenn wir die Bewegungen des Regenwurms genau beobachten, sehen wir, wie wellenförmige Verdickungen und Verdünnungen über seinen Körper laufen. Sie werden erzeugt durch das wechselseitige Zusammenziehen der Längs- und Ringmuskeln seines Hautmuskelschlauchs. Mit dieser Bewegung allein würde er nicht von der Stelle kommen, wenn er sich nicht zusätzlich mit den Borsten abstemmen könnte. An jedem Körpersegment – den schmalen Ringen – hat er auf der Bauchseite vier Paar hakenförmige Borsten. Man kann sie mit der Lupe erkennen oder wenn man den Wurm gegen das Licht betrachtet.

Nach der Beobachtung werden die Regenwürmer auf den Sand in das Glas gesetzt. Alle haben nur eines im Sinn: schnell nach unten verschwinden. Manche kriechen sofort zwischen Glaswand und Sand nach unten. Andere sind noch in Warteposition und nutzen die nächste freie Röhre, die ihr Artgenosse bereits nach unten gegraben hat. Bald sind alle Regenwürmer im Sand und in der Erde verschwunden. Kein einziger machte Anstalten, aus dem Glas zu fliehen. Die Würmer folgen ihrem angeborenen Instinkt und graben sich ein.

Jetzt feuchtet man den Sand etwas an – auf keinen Fall zu nass. Das Wasser darf nicht in der Erde stehen. Als Nahrung legt man einige leicht verrottete Blätter auf den Sand, deckt das Glas mit Alufolie ab und stellt es an einen dunklen, kühlen Ort.

Nach einer Woche können Sie schauen, was sich im Regenwurmglas getan hat. Vielleicht sind in dem Sand schon mehr Röhren aus Erde zu sehen. Wirklich deutlich wird die Arbeitsleistung der Regenwürmer nach drei bis vier Wochen. Auf dem Sand liegen jetzt viele Kothäufchen. Außerdem sind wesentlich mehr Röhren entstanden, so dass sich Erde und Sand zum Teil schon vermischt haben.

Jetzt ist es Zeit, die Regenwürmer wieder in den Garten oder auf den Kompost zu entlassen.

Was steckt dahinter?

Nachts kriechen die Regenwürmer nach oben und ziehen Blattstücke rückwärts kriechend in ihre Wohnröhre, um sie zu verspeisen. Die Röhren werden meist mit Schleim und Ausscheidungen der Tiere ringsherum ausgekleidet und somit stabilisiert. Für den Boden bedeuten die vertikalen Röhren eine bessere Belüftung. Ihren Kot setzen die Regenwürmer meist oberirdisch in Form geringelter Kotbällchen am oberen Ende ihrer Gänge ab – so wie wir es auch im Glas sehen. Der Kot enthält Nährstoffe in hoher Konzentration. Indem die Würmer abgestorbene Pflanzenteile und alte Blätter fressen und einen großen Teil der darin enthaltenen Nährstoffe für das Wachstum neuer Pflanzen verfügbar machen, nehmen die Regenwürmer im Nährstoffkreislauf des Bodens eine zentrale Stellung ein. Eine französische Bauernweisheit sagt: „Der liebe Gott weiß, wie man fruchtbare Erde macht und hat sein Geheimnis den Regenwürmern anvertraut."

Regenwürmer atmen durch die Haut. Nur wenn die Haut feucht ist, gelangt genügend Sauerstoff in den Körper. Daher dürfen Regenwürmer nie austrocknen. Das Nervensystem, das ihren Körper durchzieht, mündet am Kopfende in ein kleines

Gehirn. Der Wurm hat zwar keine Augen, aber am Vorder- und Hinterende lichtempfindliche Zellen. Die Wintermonate verbringen Regenwürmer zusammengerollt im Boden in einer Art Kältestarre. Sie können einige Jahre alt werden.

Und sonst?

Hartnäckig hält sich das Gerücht, dass aus einem in der Mitte durchgeschnittenen Regenwurm zwei neue entstehen. Das ist falsch. Regenwürmer können nur ihr Hinterteil regenerieren, und das auch nur, wenn die Teilung hinter dem 10. Segment stattgefunden hat. In dem vorderen Bereich befinden sich lebenswichtige Organe wie das Gehirn und das Herz, die nicht wieder regeneriert werden können. Nur wenige Würmer können die durch die Teilung verursachte starke Verletzung überleben, da an der Wunde schwere Infektionen entstehen können. Also bitte auf keinen Fall zum Spaß einen Regenwurm zerschneiden in der Annahme, das Ende würde schon nachwachsen.

Und sonst?

Bei erwachsenen Würmern erkennt man im vorderen Drittel ihres Körpers eine Hautverdickung – den sogenannten Gürtel, der bei der Paarung eine wichtige Rolle spielt. Regenwürmer sind Zwitter, das heißt, sie besitzen gleichzeitig Hoden und Eierstöcke. Trotzdem befruchten sie sich nicht selbst, sondern suchen einen Partner. Bei der Paarung legen sich die beiden Würmer gegengleich – Vorderende an Hinterende – mit den Bauchseiten eng aneinander, wobei aus dem Gürtel Schleim abgesondert wird, der die Würmer zusammenhält. Jeder Wurm drückt seinen Samen in die Samentasche des anderen. Nachdem sich die Würmer getrennt haben, streift der Wurm den Schleimring ab und legt dabei die befruchteten Eier hinein. Der Schleim verhärtet sich zu einem Kokon, in dem sich die Eier zu kleinen Würmchen entwickeln.

Papierrecycling –
Der Kohlenstoffkreislauf schließt sich

Jedes Jahr im Herbst verlieren die Bäume ihre Blätter. Beim Waldspaziergang macht es dann riesigen Spaß, durch die luftig leichte Schicht der raschelnden Blätter zu streifen. Im nächsten Sommer ist von den Blättern aber nicht mehr viel zu sehen. Wo sind sie geblieben? Den Blättern ist es genauso ergangen wie dem Filterpapier im nachfolgenden Versuch.

Das Material
– Blumentopfuntersetzer oder kleine Schale
– Gartenerde
– Kaffeefilter
– Frischhaltefolie

Das Experiment
Füllen Sie den Blumentopfuntersetzer oder eine kleine Schale mit Gartenerde. Aus dem Kaffeefilter wird ein rund zwei Zentimeter breiter Streifen ausgeschnitten und auf die Erde gelegt. Wichtig für den Erfolg des Versuches ist, dass Sie Erde und Papier gut anfeuchten und das Papier fest auf der Erde andrücken. Dann spannen Sie Frischhaltefolie über das Gefäß und stellen es auf das Fensterbrett oder Ihren Versuchstisch.

Nach einer Woche lohnt es sich zum ersten Mal, die Frischhaltefolie anzuheben und einen Blick auf das Filterpapier zu werfen. Viel hat sich wahrscheinlich noch nicht getan. Bei dieser Gelegenheit können Sie gleich nachprüfen, ob das Papier noch feucht ist. Ein gutes Zeichen ist, wenn sich an der Frischhaltefolie innen Kondenswasser gebildet hat.

Ab welchem Zeitpunkt die Zersetzung des Papiers beginnt, ist von der Beschaffenheit der verwendeten Gartenerde abhängig und kann daher nicht fest vorhergesagt werden. Unsere Penzberger Gartenerde brauchte drei Wochen, um das Filterpapier abzubauen. Etwas schneller geht es mit dünnen Kosmetiktüchern, deren Abbau Sie in einem Parallelversuch beobachten können.Weißes und naturbraunes Filterpapier wurden bei uns übrigens gleich schnell zersetzt.

Was steckt dahinter?

Filterpapier und Kosmetiktücher bestehen aus Cellulose, die in der Papierfabrik aus Holz gewonnen wurde. Bei unserem Versuch wird die Cellulose von den im Boden lebenden Bakterien und Pilzen abgebaut. Diese Mikroorganismen sind auf die Verwertung von Cellulose spezialisiert, weil das in der Natur ihr tägliches Brot ist. Cellulose ist der Hauptbestandteil aller Pflanzen und damit der häufigste Naturstoff überhaupt. Verrottendes Pflanzenmaterial, wie zum Beispiel alte Blätter, bestehen zu rund 50 Prozent aus Cellulose. Klar, dass sich bei diesem reichhaltigen Angebot im Lauf der Evolution verschiedene Mikroorganismen entwickelt haben, die Cellulose abbauen und „verdauen" können.

Der Abbau der Cellulose stellt die Mikroorganismen allerdings vor ein Problem. Da die Moleküle relativ groß sind, können sie nicht von den Zellen aufgenommen werden. Die Bakterien und Pilze scheiden daher ihre Cellulose abbauenden Enzyme aus, um die großen Moleküle außerhalb ihrer Zellen zu knacken. Die Bruchstücke werden dann aufgenommen und verwertet. Dabei wird die Cellulose weiter abgebaut und schließlich als Kohlendioxid freigesetzt. Es gelangt in die Atmosphäre und kann dann von den Pflanzen wieder für die Fotosynthese genutzt werden.

Beim mikrobiellen Abbau im Boden werden aus der pflanzlichen Biomasse auch alle anderen darin enthaltenen Nährstoffe, wie Stickstoff oder Phosphor, freigesetzt. Sie stehen danach den Pflanzen der nächsten Generation wieder im Boden zur Verfügung.

Alles bestens geklärt –
Kleiner Kiesfilter mit großer Leistung

Wenn Wasser im Boden versickert, wird es von den verschiedenen Erdschichten gereinigt, ehe es ins Grundwasser gelangt. Wie die Reinigung im Prinzip abläuft, lässt sich mit einem selbstgebauten Kiesfilter nachvollziehen.

Das Material
– grober Kies, Steinchengröße höchstens zwei Zentimeter
– Split oder sehr feiner Kies
– eine 1,5-Liter-PET-Einwegflasche
– scharfes Messer
– ein spitzer Metalldorn (zum Öffnen von Milchdosen)
– ein Stück Baumwollstoff und ein Haushaltsgummiring
– Blätter
– zwei große Konservengläser, z. B. Gurkengläser
– etwas Erde

Das Experiment
Da der Kies und der Split als Filtermaterial dienen, werden beide Materialien jeweils getrennt voneinander gut gewaschen. Von der farblosen PET-Kunststoffflasche schneiden Sie mit einem scharfen Messer den Boden ab. In den Deckel stanzen Sie mit dem Dorn einige Löcher und schrauben ihn auf die Flasche. Der Baumwollstoff wird von außen auf den Deckel gelegt und mit einem Gummiring gut befestigt.

Im nächsten Schritt wird das Filtermaterial in die Flasche gefüllt. Zuerst rund acht Zentimeter hoch den Split, dann nochmal so viel Kies. Obendrauf kommen einige Blätter. Diesen Filter setzen Sie dann auf ein Konservenglas, das mindestens einen Dreiviertelliter fasst. Um das schmutzige Wasser herzustellen, das geklärt werden muss, kann ihr Kind das zweite Konservenglas mit Wasser füllen, zwei Teelöffel Erde dazu geben und gut umrühren.

Jetzt wird es spannend: Ihr Kind darf das verunreinigte Wasser langsam auf den Filter gießen und genau beobachten, wie sich das Wasser reinigt, ehe es unten in das Glas tropft. Wenn es nach der Passage durch den Filter noch nicht sauber ist, können Sie es noch einmal durchlaufen lassen. Um die Reinigungswirkung beurteilen zu können, empfiehlt es sich, vor der Filtration einen Rest des Wassers zum Vergleich aufzubewahren. Sobald der Filter zu langsam läuft, ist es Zeit, den Baumwollstoff durch frischen zu ersetzen.

Der Kiesfilter in der PET-Flasche reinigt das verschmutzte Wasser sehr gut.

Was steckt dahinter?

Das grobe Material bleibt bereits auf den Blättern hängen. Im Kies werden dann die Erdstückchen zurückgehalten. Der Split filtert die feineren Verunreinigungen. Damit ist das Wasser so weit vorgereinigt, dass es die Feinfiltration durch den Baumwollstoff passieren kann, ohne den Stoff sofort zu verstopfen. Das Wasser ist nach zwei Filtrationen erstaunlich sauber und entlockt den Kinder sicher vor Begeisterung den Satz: „Das könnte man ja trinken." Das dürfen sie aber nicht, denn es könnten immer noch unsichtbare Schadstoffe oder Bakterien darin sein.

Und sonst?

Die Reinigungskraft von Kies, Sand und Erde machen sich Wasserwerke an Elbe, Rhein, Ruhr und Spree zunutze. Das Stichwort heißt Uferfiltration. Ein Stück entfernt vom Ufer werden Trinkwasserbrunnen installiert. Deren Sog zieht das Wasser aus dem Fluss in das Grundwasser. Das darf nicht zu schnell gehen, denn bei der Passage durch den Boden wird das belastete Flusswasser gereinigt. Dabei werden nicht nur Feststoffe entfernt, sondern sogar Bakterien und verschiedene Chemikalien abgebaut.

Biosphäre im Gurkenglas –
Einfaches Modell für ein komplexes System

Pflanzen, die man nie mehr gießen muss und die trotzdem prächtig wachsen und gedeihen – wie soll das funktionieren? Es ist einfacher, als man denkt und sieht auch noch äußerst dekorativ aus. Vorbild ist der Wasserkreislauf auf der Erde, den Ihr Kind bei dem Experiment ganz spielerisch begreift.

Das Material
– ein großes Gurkenglas mit Deckel (1700 Milliliter)
  oder ein anderes großes Glasgefäß
– eine Handvoll kleine Kieselsteine
– Blumenerde
– ein bis zwei kleine Pflanzen, zum Beispiel Stecklinge

Das Experiment
Das Ökosystem für zu Hause kann man in ganz unterschiedlichen Größenordnungen gestalten. Einfachste und kostengünstigste Variante ist das Einpflanzen eines Stecklings in ein leeres Gurkenglas. Dazu lassen Sie einen kleinen Steckling bewurzeln, zum Beispiel von einer Grünlilie oder einer Buntnessel („Ein Ableger für mein Zimmer", Seite 72). Dann wird das Gurkenglas vorbereitet – eine Arbeit, die Kinder wegen ihrer kleinen Hände wesentlich besser meistern als die Großen.

Zuerst kommt eine dünne Schicht aus kleinen Kieselsteinen ins Glas. Darüber schichtet Ihr Kind eine dickere Lage Blumenerde und pflanzt den Steckling vorsichtig ein. Zum Angießen verwenden Sie am besten einen Blumensprüher. Nur ganz sparsam gießen, da das Wasser im Ökosystem bleibt und nicht verdunstet. Zum Schluss wird der Deckel draufgeschraubt. Je nach Geschmack können Sie ihn laborgemäß mit Alufolie bespannen oder im Stil von Omas Marmeladenglas mit einem schönen Stück Stoff und Gummiring verkleiden. Ihr Mini-Ökosystem fühlt sich an einem Fenster wohl, das nicht zu viel direktes Sonnenlicht bekommt.

Wenn Sie statt des Gurkenglases ein großes, bauchiges Glas aus der Geschirrabteilung oder eine ballonförmige Flasche verwenden, können Sie auch einen dekorativen tropischen Garten gestalten. Zum Bepflanzen eignen sich kleinwüchsige Farne oder Bromelien. Falls Ihr Glas eine schmale Öffnung hat, können Sie als Werkzeug zwei dünne Bambusstöcke verwenden, an die Sie unten einen Löffel oder einen Korken befestigen. Mit diesen beiden Hilfsmitteln lassen sich die Pflanzen auch gut in eine Flasche einsetzen. Die Öffnung des Glases kann man mit Alu- oder Frischhaltefolie abdecken.

Als Besonderheit haben wir in unseren tropischen Flaschengarten noch eine Vogelspinne gesetzt – natürlich aus Plastik. Dass sie nicht echt ist, haben unsere erschreckten Gäste aber meist erst auf den zweiten Blick erkannt und sich dementsprechend gegruselt. Wichtig: In die Abdeckung kleine Löcher einstanzen – die Spinne braucht schließlich Luft.

Nach einigen Tagen beschlägt das Glas innen. Das ist richtig und zeigt, dass der Wasserkreislauf in Gang gekommen ist. Falls Sie den Eindruck haben, dass es im Glas auf die Dauer zu nass ist und erste Anzeichen von Schimmelbildung auftreten, empfiehlt es sich, für einen Tag den Deckel abzunehmen, damit überschüssiges Wasser verdunsten kann.

Was steckt dahinter?

Das Ökosystem im Glas ist ein stark vereinfachtes Modell für den Wasserkreislauf auf der Erde. Die Pflanzen nehmen aus der Erde Wasser auf und verdunsten es („Auch Pflanzen schwitzen", Seite 26). Der Wasserdampf schlägt sich an dem Glas und an der Abdeckung nieder, tropft in die Blumenerde und kann wieder von den Pflanzen aufgenommen werden. Im Ökosystem Erde trägt der von den Pflanzen abgegebene Wasserdampf zur Wolkenbildung bei. Wenn sich die Wolken abregnen, gelangt das Wasser wieder auf den Boden und steht somit den Pflanzen erneut zur Verfügung.

In dem Glas entwickelt sich außerdem ein Kreislaufsystem für Kohlendioxid und Sauerstoff. Die Pflanzen nehmen Kohlendioxid und Wasser auf und bilden daraus bei der Fotosynthese Zucker und Sauerstoff („Natürliche Sonnenkollektoren", Seite 19). Den Zucker speichern sie, den Sauerstoff geben sie an die Umgebungsluft ab. Diesen Sauerstoff verbrauchen die Pflanzen zum Teil wieder für ihren eigenen Stoffwechsel – zum Beispiel, wenn sie wachsen. Bei dem Stoffwechsel entsteht wieder Kohlendioxid – den die Pflanzen dann wieder für die Fotosynthese nutzen. Da Kohlendioxid und Sauerstoff einen Kreislauf durchwandern, kann das Glas mit einem Schraubdeckel dicht verschlossen sein, ohne dass die Pflanzen Schaden nehmen.

Und sonst?

Was wir im Kleinen im Wohnzimmer ausprobieren, haben die USA und die ehemalige Sowjetunion in großen Projekten erforscht. Sie wollten ein Ökosystem entwickeln, das sich selbst erhält und in dem Menschen völlig unabhängig von der Erde auf dem Mond oder dem Mars leben können.

„Biosphäre 2" hieß das Projekt der USA, das 1987 in Arizona startete. Unter einem Kuppelbau aus Glas wurde auf einer Fläche von 1,6 Hektar ein geschlossenes Ökosystem aufgebaut – mit Wüste, Savanne, tropischem Regenwald, Mangrovensumpf, Ozean, intensiver Landwirtschaft und Wohnräumen. Von September 1991 bis 1993 lebten acht Teilnehmer in dem Glasgebäude. Sie erzeugten ihre Nahrung selbst, bereiteten die Abfälle auf und führten sie wieder dem Ökosystem zu. Der Versuch musste abgebrochen werden, unter anderem weil der Stahlbeton den vorhandenen Sauerstoff aufnahm und sich massenhaft Kakerlaken ausbreiteten. Es folgten noch einige andere Versuche, die der ökologischen Forschung dienten. Eine funktionierende Biosphäre konnte aber nicht errichtet werden.

Die Sowjetunion begann bereits 1965 im sibirischen Krasnojarsk mit dem Bau eines geschlossenen Ökosystems. Die im Nachhinein als „Biosphäre 3" bezeichnete Anlage war wesentlich kleiner als das Projekt in den USA. Sie war für drei

Personen ausgelegt und hatte ein Volumen von 315 Kubikmetern, was in etwa einem drei Meter hohen, hundert Quadratmeter großen Raum entspricht. Um den Sauerstoff- und Kohlendioxidkreislauf zu gewährleisten, wurden Chlorellaalgen in dem System gehalten. Beim längsten Experiment lebten drei Menschen 180 Tage in der „Biosphäre 3". Auch hier konnte das Ziel eines sich selbst erhaltenden Ökosystems nicht erreicht werden.

Making of – oder:
Alle Versuche dieses Buches sind praxiserprobt

Mehrere Monate lang habe ich die Experimente dieses Buches selbst ausprobiert. Mit den Versuchen, die nicht geklappt haben, ließe sich noch einmal ein halbes Buch füllen. Viele Experimente, die ich in biologischen Praktikumsbüchern fand, ließen sich einfach nicht für den „Hausgebrauch" umsetzen. Bei anderen Versuchen, die immer wieder in Experimentierbüchern für Kinder auftauchten, hatte ich den Eindruck, dass sie nie richtig ausprobiert wurden. So war für die eigene Kreativität genügend Raum vorhanden, neue Experimente zu entwickeln, die auch zuverlässig zu Hause funktionieren.

So wollte ich in dem Buch unbedingt mit einem Experiment zeigen, dass Pflanzen zum Licht wachsen. Meine erste Idee: Ich bastelte einen Schuhkarton mit Guckloch, in das ich die Hälfte einer leeren Toilettenpapierrolle hineinsteckte. Ziel war, dass am Ende des Versuchs die in dem Schuhkarton eingesperrte Pflanze aus dem Guckrohr hinausschaut. Beim ersten Versuch stellte ich einen Bohnenkeimling hinein, den ich aus einer weißen Bohne aufgezogen hatte. Dieser Bohne gefiel es trotz Bullaugenfenster nicht in dem Karton – sie ging ein. Für den nächsten Versuch nahm ich zwei Feuerbohnenkeimlinge, da sie kräftiger und robuster sind. Aber auch sie schauten nicht wie vorgesehen aus dem Fensterchen hinaus. Stattdessen wanden sich die langen Triebe in Schlangenlinien durch den Karton – sie suchten wohl Halt an einer Bohnenstange. Das Streben nach Licht war ihnen nicht so wichtig. Einen letzten Versuch startete ich noch mit einer Sonnenblume. Ebenfalls Fehlanzeige. Sie ging ein.

Die Reaktion der Pflanzen auf die Schwerkraft – der Geotropismus – wird in vielen Praktikumsbüchern für Biologiestudenten an Sonnenblumenkeimlingen demonstriert. Also zog ich Sonnenblumenkeimlinge an. Einige legte ich horizontal in den Schrank. Für einen Keimling bastelte ich sogar eine

© Springer-Verlag GmbH Deutschland, ein Teil von Springer Nature 2019
C. Broll, *Warum Blumen bunt sind und Wasserläufer nicht ertrinken*,
https://doi.org/10.1007/978-3-662-59504-6

Hängevorrichtung, um ihn kopfüber in den vorher leer geräumten Kleiderschrank zu hängen. Im Prinzip war bei all diesen Keimlingen zu erkennen, dass sie sich nach oben, entgegen der Schwerkraft, orientieren. Die Stängelchen waren aber in sich so schwach, dass die Keimlinge manchmal einfach umkippten und dann nichts mehr von ihrer Reaktion auf den Geotropismus zu sehen war. Auch mit einer anderen Sonnenblumensorte war das nicht besser. Als ich den Geotropismus ebenfalls schon zu den Akten legen wollte, hatte ich angesichts der kräftig wachsenden Kressekeimlinge die Idee, es doch einfach mal mit ihnen zu versuchen. Dieser Versuch hat auf Anhieb geklappt. Sie finden ihn auf Seite 24.

Um die innere Uhr bei Gänseblümchen in einem Experiment zu untersuchen, grub ich im Garten mehrere Pflanzen aus und stellte sie in Schalen ins Zimmer. Ich wollte, dass die Kinder zu Hause beobachten können, dass auch die Gänseblümchen abends schlafen gehen. Doch kaum waren die Gänseblümchen in meinem Wohnzimmer, entwickelten sie sich zu wahren Nachteulen. Statt wie im Garten um 19 Uhr ihre Köpfe zu schließen, waren sie im Haus bis nach 23 Uhr wach. Nächstes Versuchsobjekt war der Löwenzahn. Beim Spazierengehen hatte ich beobachtet, dass sich die Blüten auf der Wiese um 18 Uhr schließen. Im Haus kam der Löwenzahn aber aus dem Rhythmus und schloss die Blüten nicht mehr zuverlässig zu einer bestimmten Zeit. In meinem dicken Botanik-Lehrbuch fand ich dazu mehr Fragen als Antworten. Dort war zu lesen, dass Pflanzen keine fassbare innere Uhr haben, sondern dass es verschiedene oszillierende Rhythmen gibt, die von unterschiedlichen Reizen beeinflusst werden. Damit war mir klar, dass die Oszillationen des Löwenzahns im Wohnzimmer von zu vielen Reizen beeinflusst werden, als dass der Versuch geeignet ist, hier weiterempfohlen zu werden.

Es gab aber auch viele Experimente, die auf Anhieb funktionierten. Sie mussten dann nur noch einmal wiederholt werden, um sie zu verifizieren, wie der Wissenschaftler sagt.

Trotz des hohen Aufwands bei der Konzeption der Versuche kann ich keine hundertprozentige Garantie geben, dass bei jedem Leser wirklich alles so funktioniert, wie ich es hier beschrieben habe. Bei den Versuchen wird mit lebenden Pflanzen und Tieren gearbeitet und da kann es durchaus Abweichungen von der Norm geben. Das fängt bei den Samen an. Selbst wenn Sie Samen der gleichen Art kaufen, können es doch unterschiedliche Sorten sein, die ein anderes Keimungsverhalten haben.

Bei den Experimenten mit den Tieren ist es noch schwieriger, eine Garantie zu geben. Ich kann zwar sagen, dass die im oberbayerischen Penzberg im Frühjahr 2008 gesammelten Bänderschnecken schnurstracks auf ein Lineal kriechen und wie kleine Akrobaten auf dem Lineal balancieren. Ob sich eine Bänderschnecke, die im Herbst in Schleswig-Holstein gesammelt wurde, genauso verhält, kann ich natürlich nicht garantieren. Aber probieren Sie es einfach aus.

Wenn ein Versuch einmal nicht klappt, schimpfen Sie bitte nicht auf die Autorin, sondern sehen es als Herausforderung an Ihre Kreativität – und an die Ihres Kindes. Kinder sind meist sehr flexibel und einfallsreich, wenn es darum geht, sich neue Versuchsbedingungen zu überlegen.

Zum Schluss noch ein großer Dank an meine Mitstreiter. Ohne ihr Verständnis und ihre Unterstützung wäre ich nicht weit gekommen. Vielen Dank an Nanook, 7, und Leon, 11, die viele Versuche gemacht haben und tolle Ideen hatten. Sie fingen für unsere Spinne frischen Fliegen, versorgten mich mit Regenwürmern, erprobten den Versuch mit dem Lungenvolumen, bauten die Mini-Kläranlage, trainierten die Schnecken und so weiter. Bei Nanook müssen Sie sich auch bedanken, falls Ihnen der Urwaldkompass (Seite 92) einmal das Leben gerettet hat, denn er hat mir diesen Versuch gezeigt.

Danke an meine Tochter Eva, die ein halbes Jahr zwischen Gurkengläsern mit Fruchtfliegenmaden und Feuerbohnen an der Gardinenstange lebte, immer wieder kreative Tipps hatte und mich oft ermunterte, wenn mal wieder etwas nicht klappte.

Ein ganz großes Dankeschön geht an meinen Lebensgefährten Christof Blumberger, der meine Begeisterung für die Biologie teilt und mich liebevoll und tatkräftig bei allem Auf und Ab des Projektes unterstützte. Er machte bei vielen Experimenten mit und lieferte dabei oft die zündende Idee, er war geduldige Versuchsperson bei den Sinnesexperimenten und bastelte sogar nachts um zwölf mit mir Wasserläufermodelle.

Sich nicht mit einer Antwort begnügen, sondern mehr wissen wollen: „Und sonst?" Diese Frage ist zum Markenzeichen meines Sohnes Dominik geworden. Jeder, der ihn kennt, ist mit dieser Frage vertraut. Mein Dankeschön für das Copyright geht nach Damaskus, wo Dominik während der Entstehungsphase dieses Buchs Arabisch studierte.

Auflösung:
Wer bestäubt diese Blüte?

Käferblumen: Typische Käferblumen, die auf unseren Wiesen wachsen, sind die weißen Doldenblütler. Sie haben winzige, helle Blüten, die zu schirmartigen Dolden zusammengefasst sind und den Käfern viel Platz bieten. Die häufigsten Doldenblütler sind Wiesenkerbel, wilde Möhre, Wiesenkümmel und Wiesenbärenklau. Zu den Käferblumen gehören auch Hartriegel und Schneeball.

Fliegenblumen: Zusätzlich zu den typischen Käferblumen zählen zu den Fliegenblumen auch Schwarzer Holunder, Efeu, Traubenkirsche, Vogelbeere, Weißdorn sowie einige Korbblütler wie zum Beispiel das Gänseblümchen.

Bienenblumen: Dazu gehören viele verschiedene Arten: Rosengewächse, wie die echten Rosen, und auch Obstbäume wie Apfel und Birne. Korbblütler, zum Beispiel Gänseblümchen und Löwenzahn. Zahlreiche Glockenblumen wie Schneeglöckchen, Märzenbecher, stengelloser Enzian.
Die bekanntesten Blüten mit Landemöglichkeit sind: Garten-Löwenmäulchen, Wiesen-Klee, Bohne, Gelbe Schwertlilie, Pantoffelblume, Wiesen-Salbei, Besenginster.

Tagfalterblumen: Rote Lichtnelke, Wiesenschaumkraut, Heidenelke, langsporniges Veilchen, Feuerlilie, Türkenbund-Lilie, Bougainvillie.

Nachtschwärmer- und Mottenblumen: Geißblatt (Jelängerjelieber), nickendes Leimkraut, Weiße Waldhyazinthe, gewöhnliche Nachtkerze.

© Springer-Verlag GmbH Deutschland, ein Teil von Springer Nature 2019
C. Broll, *Warum Blumen bunt sind und Wasserläufer nicht ertrinken*,
https://doi.org/10.1007/978-3-662-59504-6

Auflösung:
Wo hat sich der Same versteckt?

Die winzigsten Samen Größe XS hat die Erdbeere. Ihre Samen stecken in den Nüsschen, die auf der Oberfläche der Frucht sitzen.
Der Same in XXL ist die Kokosnuss.

Steinfrüchte: Kirsche, Pfirsich, Mirabelle, Pflaume, Olive
Der Same liegt in dem verholzten Stein. Durch den Stein wird er vor Beschädigungen durch das Frucht fressende Tier geschützt. Beim Pfirsich kann man den Stein mit einem Nussknacker öffnen und sieht dann den mandelförmigen Samen. Vorsicht: Er kann eine Vorstufe der Blausäure enthalten. Warum dieses starke Gift im Kern von Steinfrüchten enthalten ist, wird im Versuch „Wie Tomatensaft auf Kressesamen wirkt" (Seite 80) erklärt.

Sammelsteinfrüchte: Brombeeren, Himbeeren
Himbeeren und Brombeeren bestehen aus vielen kleinen Steinfrüchten, die aneinander haften.

Beeren: Johannisbeere, Heidelbeere, Weintraube,
Banane, Kiwi, Zitrusfrüchte,
Gurke, Zucchini, Paprika, Tomate
Beeren sind meist saftig und fleischig und enthalten in ihrem Fruchtfleisch einige oder auch viele Samen.

Apfelfrucht: Apfel, Birne, Quitte
Charakteristisch für Apfelfrüchte ist das pergamentartige Kerngehäuse, in dem die Samen eingeschlossen sind.

Nüsse: Haselnuss, Walnuss, Erdnuss, Kastanie
Bei Nüssen im botanischen Sinn wird der Same von einer verholzten Fruchtwand umschlossen. Die Mandel ist im

154

© Springer-Verlag GmbH Deutschland, ein Teil von Springer Nature 2019
C. Broll, *Warum Blumen bunt sind und Wasserläufer nicht ertrinken*,
https://doi.org/10.1007/978-3-662-59504-6

botanischen Sinn keine Nuss, sondern der Kern einer Steinfrucht.

Sammelnussfrucht: Erdbeere und Hagebutte

Botanisch gesehen sind Erdbeeren keine Beeren, sondern werden wegen der winzigen Nüsschen, in denen die Samen verborgen sind, Sammelnussfrüchte genannt.

Register

NEWS

Printed in the United States
By Bookmasters